乡村振兴精品教材

党支部领办农民合作社

◎ 范以香　主编

中国农业科学技术出版社

图书在版编目（CIP）数据

党支部领办农民合作社／范以香主编 . --北京：中国农业科学技术出版社，2023.3

ISBN 978-7-5116-6217-0

Ⅰ.①党… Ⅱ.①范… Ⅲ.①农业合作社-基本知识-中国 Ⅳ.①F321.42

中国国家版本馆 CIP 数据核字（2023）第 039112 号

责任编辑	白姗姗
责任校对	马广洋
责任印制	姜义伟　王思文

出 版 者	中国农业科学技术出版社
	北京市中关村南大街 12 号　邮编：100081
电　　话	（010）82106638(编辑室)　　（010）82109702(发行部)
	（010）82109709(读者服务部)
网　　址	https://castp.caas.cn
经 销 者	各地新华书店
印 刷 者	河北鑫彩博图印刷有限公司
开　　本	140 mm×203 mm　1/32
印　　张	5.5
字　　数	140 千字
版　　次	2023 年 3 月第 1 版　2023 年 3 月第 1 次印刷
定　　价	39.80 元

◀━━ 版权所有·翻印必究 ▶━━

《党支部领办农民合作社》
编 委 会

主　编：范以香
副主编：商兆慧　　孙小霞　　高　　红
　　　　赵　静　　温　晶　　温　平
　　　　马　霞　　裴海燕　　张　丽
　　　　李　欣　　于　娟
编　委：姬建林　　吴　燕

前　言

习近平总书记在党的二十大报告强调，"以中国式现代化全面推进中华民族伟大复兴"。要求把"巩固和完善农村基本经营制度，发展新型农村集体经济，发展新型农业经营主体和社会化服务，发展农业适度规模经营"作为重要工作摆在突出位置。农民合作社发展到今天，在帮助脱贫攻坚、带动小农户共同富裕、村集体经济增收、实现乡村振兴等方面发挥了越来越重要的作用。特别是当前我国已进入农业现代化发展阶段的关键时期，步入"十四五"新发展阶段，对农民合作社提出了新的目标和要求。党支部领办农民合作社成为发展壮大村级集体经济，带领广大村民实现共同致富的必然选择。

本书就农民如何正确认知合作社，如何加入合作社，如何参与管理运营好合作社，村党支部如何领办农民合作社进行分析，解剖生产经营过程中遇到的具体问题，特别是从合作社欠缺的盈利模式入手，帮助村党支部理出工作思路，找出加强管理与运营的路径和方法，以期为实现农民合作社的高质量发展提供帮助。

需要说明的是，本书既是作者在《家庭农场合作社的运营与管理》（2017 年出版）基础上的延续和深化，也是在参照相关专家精品力作基础上，按照 2018 年 7 月 1 日开始实施新修订的《中华人民共和国农民专业合作社法》和 2018 年 10 月 28 日实施的《中国共产党支部工作条例（试行）》，就村党支部要组织带领农民群众发展集体经济，走共同富裕道路的要求，进行系统论述，精心编写而成。全书分两大部分共 15 章。在编写过程中得到了很多专家、前辈具体指导，在此表示由衷的感谢。

由于编写时间仓促，再加上本人水平有限，书中难免有疏漏之处，敬请广大读者批评指正。

编　者

2022 年 12 月

目　　录

第一篇　农民专业合作社

第二篇　党支部领办农民合作社要点

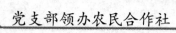

第一篇 农民专业合作社

2007年7月1日《中华人民共和国农民专业合作社法》（以下简称《农民专业合作社法》）正式颁布实施，为农民专业合作社的发展以及社员合法权益的保护撑起一把法律的大伞。在这大伞的庇护下，我国农民专业合作社蓬勃发展，不仅合作内容不断丰富，服务能力持续增强，发展质量明显提升，而且是迄今为止我国各类新型农业经营主体中发展速度最快、数量最多、覆盖农户最广的组织形式。特别是2018年7月1日新修订的《农民专业合作社法》颁布实施以来，伴随着政策引导、全社会支持，以及我国农业由传统农业向现代农业转型步伐加快，以农民专业合作社为代表的新型农业经营主体竞相发展。据农业农村部统计，2021年全国家庭农场名录系统登记数390万家，其中种植业家庭农场平均经营规模187亩（1亩≈667平方米）。全国经县以上农业农村部门认定的农业产业化龙头企业超9万家，引领带动1.25亿农户。各类生产性服务组织44万家，覆盖服务6 000万农户。全国依法登记的农民专业合作社超过220万家，入社农户成员约1.22亿户，普通农户成员占比达95.4%。与此同时，全国发展了各类联合社超过1万家，平均每个联合社带动12个成员社。合作社成员普遍比生产同类产品的农户增收20%以上。合作社已经逐渐成长为新型农业经营主体和现代农业建设的中坚力量。

第一章　农民专业合作社的内涵

随着我国农业进入现代农业的新发展时期，城市化进程步伐加快，农业兼业化、农村空心化、农民老龄化等问题突出，谁来种地、怎么种好地的问题急需破解。为此，面对新形势、新任务，加快构建以农民专业合作社等为主的新型经营主体，加快转变农业经营方式，提高农民的社会化服务程度已成为当务之急。

第一节　农民专业合作社的定义

农民专业合作社是指在农村家庭承包经营基础上，农产品的生产经营者或者农业生产经营服务的提供者、利用者，自愿联合、民主管理的互助性经济组织。

第三条　农民专业合作社以其成员为主要服务对象，开展以下一种或者多种业务：

（一）农业生产资料的购买、使用；

（二）农产品的生产、销售、加工、运输、贮藏及其他相关服务；

（三）农村民间工艺及制品、休闲农业和乡村旅游资源的开发经营等；

（四）与农业生产经营有关的技术、信息、设施建设运营等服务。

农民专业合作社其成员主要由享有农村土地承包经营权的

农民组成。这些自愿组织起来的农民具有共同的经济利益，在家庭承包经营的基础上，共同利用合作社提供的生产、技术、信息、生产资料供应、产品加工、贮运和销售等项服务。合作社还通过为其成员提供产前、产中、产后的服务，帮助成员联合起来进入市场，形成聚合的规模经营，以节省交易成本，增强市场竞争力，提高经济效益，增加社员收入。因此，农民专业合作社的主要目的在于为其成员提供服务，这一目的体现了合作社的所有者与利用者的统一。

同时，《农民专业合作社法》也不排斥合作社将非成员作为其服务对象，但是，合作社同其成员的交易应当与利用其提供服务的非成员交易分别核算，计入合作社收入。

注意：为顺应合作社发展需要，2018 年 7 月 1 日施行的新修订的《农民专业合作社法》，取消有关"同类"农产品或者"同类"农业生产经营服务中"同类"限制，扩大法律调整范围。同时以列举方式扩大农民专业合作社的服务类型，将农村民间工艺及制品、休闲农业和乡村旅游资源的开发经营等新型农民专业合作社，以及农机、植保、水利等专业合作社纳入调整范围。

第二节　把握农民专业合作社定义的原则

一、农村家庭承包经营基础不能动摇

在坚持农村土地集体所有制基础上，农户对其依法承包的土地享有占有、使用和收益的权利。这就需要明确两个基本问题：一是明确农户拥有对土地的承包经营权，合作社不改变农村土地的集体所有权；二是明确对承包到户的集体土地，只要不改变合同规定的用途，承包农户可以自主选择各种实现土地

收益的经营形式。农户可以自己经营自己承包的土地，也可以向他人出租承包土地的经营权；可以与本集体组织的成员自愿互换各自所承包的土地，也可以和其他农户以土地股份合作制的形式发展农业的合作生产；也可以将承包土地的经营权用于向金融机构抵押、担保融资，还可以将承包土地的经营权作为股份投入农业产业化的经营中去等。

以上种种情况，土地的承包关系均不发生变化，原承包农户仍拥有土地承包权。这个原则为我们以土地为纽带组建合作社奠定了基础。

二、明确定义中取消原来的"同类"一词，目的是放开相关限制，扩大准入范围

例如，奶牛养殖专业合作社，养奶牛的农户是"同类农产品的生产经营者"，而畜牧兽医人员、乳制品加工企业等相关链条上的生产经营服务的提供者、利用者，都可视为能加入奶牛养殖专业合作社的广义上的同类，均可加入合作社。

三、把握其内涵和新功能的拓展

党的十八大后，对农民专业合作社的内涵和功能又有了新的拓展。进一步明确：农民专业合作社是带动农户进入市场的基本主体，是发展农村集体经济的新型实体，是创新农村社会管理的有效载体。

四、农民专业合作社成员没有地域限制

农民专业合作社以其成员为服务对象，只要自愿加入合作社，就能为其提供农业生产资料的购买，农产品的销售、加工、运输、贮藏以及与农业生产经营有关的技术、信息等服务。

第三节　农民专业合作社的基本要素

一、成员

具有民事行为能力的公民，以及从事与农民专业合作社业务直接有关的生产经营活动的企业、事业单位或者社会组织，能够利用农民专业合作社提供的服务，承认并遵守农民专业合作社章程，履行章程规定的入社手续的，可以成为农民专业合作社的成员。但是，具有管理公共事务职能的单位不得加入农民专业合作社。

农民专业合作社应当置备成员名册，并报登记机关。

农民专业合作社的成员中，农民至少应当占成员总数的80%。成员总数20人以下的，可以有一个企业、事业单位或者社会组织成员；成员总数超过20人的，企业、事业单位和社会组织成员不得超过成员总数的5%。

二、组织

1. 成员大会

它是合作社的最高权力机构。成员总数超过150人的，可以按照章程规定设立成员代表大会。由成员代表大会行使成员大会的部分或者全部职权。合作社的发展规划、决策、理事（长）、监事（会）成员的选举、分配方案以及合作社章程的制定和修改等重大事项，都要经成员大会或成员代表大会讨论、投票表决通过。

2. 理事会

它是合作社的执行机构，对成员（代表）大会负责。合作社的重大事项由理事会提出决策建议后，交成员代表大会讨论决定。理事会依据章程规定，聘用经理等经营管理人员。

3. 监事会

它是合作社的监督机构，由成员代表大会直接选出，代表全体成员监督检查合作社的财务及监事会的工作，并向成员代表大会报告。

4. 经营机构

它是合作社的经营和业务机构。

规模较大的合作社也可单设业务机构。主要将理事会的决策贯彻到日常经营管理工作中。

三、场所

以农民专业合作社成员自有场所作为经营场所的，应提交有权使用的产权证明，租用他人的，应提交租赁协议和场所的产权证明。填写经营场所应当标明经营场所所在的县市区、乡镇村、街道的门牌号码。

四、出资

共有三部分。

（一）自有资金

1. 社员出资

参加合作社要出资，每个社员都要出资。社员出资组成合作社注册资金，随着合作社的发展，社员收入的增加和社员对合作社信赖程度的提高，社员就能够增加出资。

2. 社员投资

合作社办企业和服务实体，需要动员社员投资。

3. 公积金

合作社的公积金要根据合作社的经营情况决定，在合作社成立初期，经营规模比较小，公积金不可能提太多。

4. 国家项目资金

随着国家扶持合作社的力度不断加大，项目资金会不断增加，有条件的合作社可以积极争取国家的项目资金。

(二) 借入资金

1. 社员借款

合作社在社员产品销售以后，可以动员社员把销售货款借给合作社，合作社参照存贷款利息付给利息。

2. 社会借款

合作社社会借款用于流动资金。包括向个人、企业借款。

3. 银行贷款

向金融部门贷款，用于合作社扩大生产经营。

4. 合作社内部资金互助合作

经金融监管部门批准，可采取的一种融资方法，但绝不能以营利为目的。

(三) 其他方式

第十三条：农民专业合作社成员可以用货币出资，也可以用实物、知识产权、土地经营权、林权等可以用货币估价并可以依法转让的非货币财产，以及章程规定的其他方式作价出资；但是，法律、行政法规规定不得作为出资的财产除外。

五、章程

第十五条：农民专业合作社章程应载明下列事项：

(一) 名称和住所；

(二) 业务范围；

（三）成员资格及入社、退社和除名；

（四）成员的权利和义务；

（五）组织机构及其产生办法、职权、任期、议事规则；

（六）成员的出资方式、出资额，成员出资的转让、继承、担保；

（七）财务管理和盈余分配、亏损处理；

（八）章程修改程序；

（九）解散事由和清算方法；

（十）公告事项及发布方式；

（十一）附加表决权的设立、行使方式和行使范围；

（十二）需要载明的其他事项。

第四节　农民专业合作社的作用

一、创办新型经营主体，丰富家庭联产承包责任制

合作社成员在生产环节仍然以户为单位，在流通、加工等环节进行合作，将农民生产的农产品和所需要的服务集聚起来，以规模化的方式进入市场。这种"生产在家、服务在社"的方式，可以很好地解决家庭经营与市场经济衔接的问题，有效地解决政府"统"不了，部门"包"不了，单家独户"干"不了的难题，是对农村基本经营制度的丰富、发展、完善和创新，有利于农村家庭承包经营制度的长期稳定。从这个角度上讲，国家十分重视农民专业合作社的发展。

二、促进农业结构调整，优化农村产业布局

组建合作社后，农民可以通过合作社这个平台，既可以联合起来根据实际情况进行结构调整，从事种植业、养殖业，促

进农业的专业化、规模化、标准化、机械化生产经营，也可以联合起来从事农产品加工业，提高农产品的附加值，还可以联合起来从事农业生产资料的购买、农业机械的租赁、农产品的贮藏和销售、农业信息技术服务等第三产业。因此，农民专业合作社的发展，不仅会促进第一产业的发展，还会促进农村第二、第三产业的发展，从而优化农村产业结构。

"管家"干，农民看！零散地乐享全链服务

茌平："丰源"帮20万亩非流转土地管出"三增"

3月28日一大早，茌平县乐平镇温坊村农民于传道拿着他家三块地的土壤样本，来到丰源农作物种植合作社，准备为早春补肥进行"测土配肥"。他对合作社理事长马思建伸出仨手指头说："去年俺家粮食增产、节支增收、入股分红多收了2 000元，今年小麦肥料就按照合作社的测土配方来！"

54岁的于传道信赖丰源，源自丰源带给他的种地红利：于传道家13亩（1亩≈667平方米）地8年前入股丰源农作物种植合作社，孩子们在外打工，他"长"在地里的时间却一年比一年少，去年在地里盯了不过7天，产量竟创新高，年底一算账，粮食产量加上打工收入和合作社每亩分红，再去掉投入，全家收入超过3万元，乐得他笑开了花。

"土地是农民的命根子，还能干得动，咱这年纪的人就舍不得转出去，得天天看着才踏实。入丰源最好的一点就是，种管收自己说了算，合作社全程协助，哪个环节有需求随时可以找丰源！"于传道说，丰源有最先进的技术和农机，卖种子给质量保障卡，科学配方上化肥，有病害随时来指导，家里玉米小年份都能打1 300斤（1斤＝500克）。

在于传道眼里，丰源就是高产和省工的服务专家。说起服务，马思建说，自己是供销系统的农资技术员出身，"农资+

服务"的模式已经不能满足农民需要，他认定解决"三农"问题必须走现代化农业道路，增产、增效并重，良种、良法配套，农机、农技结合，生产、生态协调，劳动过程机械化，农业技术集成化，所以服务要跟着技术走。

"丰源地里干，农民地头看。"马思建说，这几年丰源一门心思地钻研科技种植，做足了种植全过程中的"补链"和"延链"服务，就是想更好地给农民打工，用服务让农民种地更轻松，这样带动起来了规模。

2009 年合作社成立之初，马思建在全市成功首推玉米单粒播种技术，之后一发不可收，陆续推广了种肥同播、分层施肥、深松、减肥减药等技术，配套购进了补水式播种机、喷杆式喷雾机、深松种肥同播机等 100 多套农机具。去年丰源又投资 180 万元建起了高标准烘干塔、全钢架结构的粮食综储库房 7 000 多平方米、高精度测土配肥实验室等，就这样从最初的"环节式"农资技术服务到最后自然而然发展起了"全链"服务，前来入社的农户越来越多。

丰源在全县开展了订单作业，全程机械化作业，改变了农民一家一户分散经营模式。一次性每亩缴纳 20 元入社的农户，可享受农资优惠、定期培训和年终分红，非入社成员各环节可自由选择。农机入社，则是农户出资，合作社负责培训、维修，提供面积、结算全程服务，这些措施赢得了乡亲们的信赖，作业订单也纷至沓来。

乐平镇南大吴村吴正民是种地老把式，他把"三增"的账算得更细：丰源提供高抗性种子、科学配比化肥，每亩产量提高 100 斤就相当于没多花钱，提高 150 斤等于种子没花钱，这几年产量稳中有增，好种子好化肥让他获利不少。加入合作社后享受农机优惠，像是使用深松种肥同播先进技术，一遍机器同时完成深松、分层施肥、播种等环节，既能防止土壤板结，提高肥料利用率，保证出苗密度精确，农机使用费每亩还能优惠 10 元，这一年算下来能省五六百元。年底，丰源会根据会员的投入情况分红，他家去年每亩分红 50 元，这又是五六百，他觉得跟着丰源种地"横竖都是赚"。

如今，丰源在耕种管收储"五环节"可提供全链服务，5 000 多农户成为丰源社会化服务的受益者。由此，5 000 多农户 4 万亩土地，436 台农机入户在丰源"门下"，签订购种、种植、喷药等各项服务合同达到 20 万亩，丰源成为 20 万亩非流转零散土地的"大管家"。

（来源：大众日报，2017-4-9）

三、解决一家一户办不了办不好的事情，保护农民利益

面对大市场与小生产之间的矛盾，农民单枪匹马无能为力，从农业生产资料的购买到产品销售，在价格上总处于弱势地位，只能被动接受。加入合作社后，由合作社出面，集规模优势、资源优势、服务优势为一体，提高谈判控制权，可解决一家一户办不了办不好的难题，从而保护农民利益。据农业农村部统计，2018 年新修订的《农民专业合作社法》颁布实施当年，各类农民合作社为成员提供的经营服务总值就达到 1.12 万亿元，其中，统一销售农产品达 8 182.5 亿元，平均每个成员销售农产品 1.14 万元，统一购买生产资料总值达 3 020.5 亿元，平均为每个成员购买 4 200 元。与此同时，平均每个合作社可分配盈余 5.3 万元，为每个成员增收 1 403 元。农民合作社在小生产与大市场之间搭建桥梁，运行机制和分配机制不断完善，让农民生产经营的成果产得出来、卖得出去、卖得出好价钱，让每个参加合作社的成员在其生产经营中达到了省钱、省心、省力的互助互利、共享共赢的效果。

四、实现资源共享、优势互补，组织农民抱团闯市场

随着市场经济的发展，市场的主导作用越来越明显。由于农民采取分散的家庭经营而非企业化运作，而且，单门独户的农民，由于受限于能力和资源，抵御市场风险的能力较弱。随着脱贫攻坚与乡村振兴的有效衔接，共同富裕之路越走越宽广。因此，在自愿平等基础上建立起来的合作社，按照"利益均享、风险共担"的原则，把分散的农户组织起来，集合较多资源的组织去应对资源薄弱的个体无法承担的风险，实现资源共享、优势互补，既可避免生产的盲目性，又能抱团闯市场，发挥整体效应。

小小合作社，闯出致富新天地

拉线、开畦、挖窝、种植……迎着春日的阳光，福绵区樟木镇莘鸣村渭农合作社连片的甘蔗、香蕉、莲藕、泥鳅、田螺生态种养示范基地里，60多名村民忙得不亦乐乎，田野里一派生机勃勃的景象。

"在合作社香蕉基地里除草施肥，每天有70元收入，不用出去打工，在家门口就可以就业，流转土地给合作社每年每亩还得1 100元租金。"村民庞小闽乐呵呵地说道。笔者了解到，渭农合作社的负责人是今年53岁的庞继林。2008年以前，庞继林靠外出打工赚钱养家糊口，在越南打工期间有一次他看到当地的香蕉物美价廉，见多识广、头脑精明的他马上就萌生了批发香蕉的念头。说干就干，他利用打工积累的收入作为资金，钱不够时就向亲戚朋友借，开始做起了香蕉收购、销售的买卖，后来又辗转云南、广东、海南多地收购香蕉，生意做得顺风顺水。有一次庞继林在山东收购香蕉时，他发现当地一合作社农户种植香蕉赚到了大钱，他开始觉得种植是一条更快致

富的门路，于是即将步入不惑之年的他，又有了新的想法与计划。

2009年，经过多年打拼的庞继林回到家乡成立了合作社。笔者了解到，渭农合作社在多方的支持和帮助下，采取"合作社+基地+农户"的模式，流转土地1 927亩，吸引了当地200多户（其中贫困户31户）共7个村屯片区3 000多人加入种植甘蔗和香蕉的行列。勤劳善良的庞继林用诚实和守信拿到了很多订单，他种植的甘蔗和香蕉因品质好而远销区内外。去年，合作社甘蔗每亩净赚10 000多元，香蕉每亩赚7 000多元，产值1 500多万元，带动了11户贫困户脱贫。为了带动更多的贫困户脱贫，今年以来，庞继林成立莲藕、泥鳅、田螺生态种养示范基地，近300名村民入股种植养殖。

吴应芬是苹鸣村的村民，她把家里的土地流转给渭农合作社，每年坐收土地租金，同时通过在合作社打工，每月还能收入2 000多元。"我一人富了不算富，乡亲们都富了才算富。"庞继林说道。

"一个合作社，带活一个村。"樟木镇党委书记梁焕彬表示，渭农合作社改变了苹鸣村的种植结构和村民的生活方式。过去该村种植模式单一，大多是水稻、玉米种植等传统产业，如今积极种植果蔗、香蕉、中草药等，充分发挥了土地效益。同时，合作社改变了过去因村里外出务工人员多使许多土地成为"撂荒地"的现象，如今村民可以到合作社打工，挣钱顾家两不误。

笔者还了解到，樟木镇有天冬合作社、鸡骨草合作社、香蕉果蔗合作社、养牛合作社、养蜂合作社、养洋鸭合作社等多个专业合作社，这些合作社都很好地带动了当地贫困户走上脱贫致富的道路。

（来源：玉林日报，2017-4-7）

五、实现产供销一体化经营，增加农民收入

农民通过合作社参与农业产业化的经营中去，主要有 3 种形式。第一种是"合作社+农户"，主要由能人或技术人员领办，一般提供产前、产中、产后的生产经营服务，与普通农民成员的利益联结比较紧密。第二种是"龙头企业+合作社+农户"，在这种方式中，龙头企业可以通过合作社规范和约束农户的行为，获得更加稳定的原料来源，降低交易成本；农户可通过合作社使自己在与龙头企业价格形成、利润分配等方面获得更多的话语权，实现企业发展与农民致富的双赢。第三种是"合作社+企业+农户"，在这种方式中，合作社成为兴办农产品加工企业的主体，合作社自己兴办的企业与农户成为真正的利益共同体，农民通过合作社这种组织形式开展加工、销售等经营活动，可以最大限度地享受到农产品加工和销售环节的利润。

"合作社+农户"开发撂荒土地

滦平一地生四金

春到狼山顶，原来几近荒芜的沃野山坡变了样，姹紫千红的中草药是精准扶贫的"狼山之宝"。"合作社+农户"模式在这里仅实施 2 年，就使撂荒土地流转起来、赋闲劳力忙碌起来。

狼山顶自然村隶属河北省滦平县滦平镇，原有 44 户人家居于山腰，山路崎岖狭窄，自然条件艰苦。这些年，住户陆续搬离故土，只剩 10 户留守老人，全部年收入不足 20 万元，2/3 的山地闲置荒废。为了精准扶贫，滦平县引入工商资本进农村。承德逸曦庄农牧发展有限公司离城进山，成立合作社，开建"燕山中药材经济核心示范区"。

合作社对狼山顶附近的土地全部进行了流转,村民仅土地收入一项就达49万元,还可以到示范区工作,技术工种每天120～150元。现在,示范区为当地提供500多个就业岗位,许多农民返乡就业,人均年收入增加约4万元。流转土地挣租金、入园打工挣薪金、资产收益折股量化分现金、扶贫资金入股分股金,当地农民实现了"一地生四金"。

　　示范区将荒山荒坡改造成标准梯田,提高了土地使用率和价值。示范区内现种1.5万亩中药材,部分地块与苹果、黄柏间作,还育有13万株芍药、百合、玫瑰等观赏性中药材。3 300平方米的现代化智能温室建成使用。百亩果园、百亩夏黑无核葡萄庄园紧锣密鼓建设,将成为山腰上一片观光农业园。目前,示范区直接带动周边中药材种植3万亩,带动就业2 000人以上。

　　以中药材产业为核心,滦平县推进中药材种植规模化、标准化、产业化,种植总面积已达10.66万亩,建成省级中药材种植示范园7个,集中连片打造千亩以上中药材种植园16个,培育中药材专业村25个。

(来源：人民日报,2017-4-11)

六、增强农民抗风险能力,提升农产品市场竞争力

　　在市场竞争中,农业作为弱势产业,要面临自然和市场的双重风险,分散的农户在资金、信息、生产规模等方面都与大市场不对称,抵御风险的能力弱,直接导致市场竞争力不强。农民专业合作社在组织农户、农企的产品进入市场时,采取统一的品牌、统一的标准、统一的质量、稳定的批量供货,既能在一定程度上提高农户的农产品价格,又能使加工企业和市场得到充足而高质量的货源,使一家一户的小生产和千变万化的大市场进行了有效的对接,这有利于整合农业资源,形成合

力，改变以弱小个人面对强大市场的不利状况，从而提升农产品的市场竞争力。

七、组织化程度提高，利于推广农业新科技和巩固脱贫成果

加入合作社，农民的组织化程度提高，农民专业合作社把服务农户生产经营活动作为主要目标，通过引进新品种、新技术，开展技术培训，传播科技知识，制定生产技术规程，统一产品质量标准等，实行专业化、标准化生产，农民更易于接受，效果更为明显。这样就加快了农技推广步伐，增加农产品的科技含量。特别是全民脱贫致富防返贫的今天，通过合作社这个载体，众人拾柴火焰高，可以帮助脱贫困难户尽快致富，走上共同致富之路。

入这个合作社很划算

在弥渡县牛街彝族乡，说起建丰肉牛养殖农民专业合作社，人们都会跷起大拇指。

阳春三月，记者来到了合作社所在的牛街乡荣华村委会大核桃箐村，合作社养殖基地就在村落的不远处。正在合作社帮忙扩建圈舍的村民李仕芳高兴地说："入这个合作社很划算，风险都被合作社承担了！无论市场怎样变化，每股每年分红150元。"李仕芳在2011年合作社刚成立时入了3股，去年入了8股，年底分红1200元，今年增加到18股。

据了解，合作社2011年4月正式投入运行，社员采取现金、活牛、林地土地3种方式入股，每股股价为1000元。初建时共有股东15户，有146股。经过6年的发展，合作社社员增加至37户，股数达459股。目前，合作社肉牛存栏53头，年出栏100头，产值达30万元。合作社先后进行了6次分红，合计分红21.78万元。合作社的发展壮大还助推荣华村

委会解决了村集体经济"空壳"问题，村委会出资 10 万元入股 100 股，去年分红 1.5 万元。

"现在就是要把合作社再做大，再建一个饲养基地，力争 5 年内养殖规模超过 200 头，实现年产值 100 万元。到 2020 年，争取把社员发展到 100 户。"说到合作社的发展，理事长李升芳信心满满。接下来，合作社将依托乡村旅游产业发展优势，把牛肉加工成牛干巴等生态旅游产品，提高养牛效益。

（来源：大理日报，2017-4-7）

第五节　农民专业合作社演变历程

1911 年辛亥革命前后，合作经济思想开始传入我国，合作社实践活动开始出现。

一、民间推动合作社发展时期

我国第一个合作性经济组织诞生。1918 年 7 月，北京大学成立"北大消费公社"，这是我国第一个合作社组织。投入资本 1 万元，主要经营图书、文具和日常用品，是一个消费型的合作社。

1919 年，上海复旦大学创办"上海国民合作储蓄银行"，这是我国最早的信用合作社。

1920 年，长沙成立"湖南大同合作社"，是我国最早的生产型合作社，主要生产毛巾、袜子、衣服等，还种蔬菜、喂养家禽。这一时期各地合作社进入快速发展时期。

1922 年，安源铁路工人大罢工胜利后，在中国共产党的领导下，成立了安源铁路工人消费合作社。这是中国共产党领导的最早的工人消费合作社。

1923 年，在河北成立农村信用合作社。1923—1927 年，合作社由 8 个发展到 561 个，社员由 256 人增加到 13 190 人，股金由 286 元增加到 20 698 元。

二、政府推动合作社发展时期

国民党对合作社发展是比较重视的。孙中山先生 1919 年就主张发展"农业合作""工业合作"。1928 年官办的合作社在江苏省、浙江省展开。1931 年南京政府颁布《农村合作社暂行规章》，1934 年颁布了《合作社法》。国民党败退中国台湾地区后，在农村工作中重点抓了两项，一是搞了土地改革，二是发展了农业合作社。现在，中国台湾地区农民绝大多数参加了合作社。

共产党更是一向重视合作社运动。1927 年毛泽东发表《湖南农民运动考察报告》，视合作社为第一次国内革命战争中农民运动的十四件大事之一。1932 年中华苏维埃共和国临时中央政府颁布《合作社暂行组织条例》。1933 年苏区国民经济人民委员会颁发《发展合作社大纲》。抗日战争时期，陕甘宁边区政府和其他抗日根据地发展了一大批合作社。1943 年毛主席在中共中央招待陕甘宁边区劳动英雄大会上发表了《组织起来》的讲话，提出"目前我们在经济上组织群众的最重要形式，就是合作社"。解放战争时期，各解放区合作社有了很快发展。

三、中华人民共和国成立后合作社的变革

中华人民共和国成立以后，党中央、毛主席把合作社看作是农民走向社会主义道路的有效组织形式。从互助组、初级社、高级社，很快走向了人民公社。人民公社是工农商学兵一体，特点是一大二公，最终走向解体。合作社是在市场经济条件下，弱势群体为获得更大利益而自愿组成的互助型经济组

织，而人民公社是计划经济体制下的产物，与合作经济组织的本质要求，有明显的差异。

四、发展现代农业时期，合作社走上了法制化轨道

进入现代农业发展时期，为支持、引导农民专业合作社的健康发展，规范农民专业合作社及其成员的合法权益，促进农业和农村经济的发展，国家和地方政府相继出台了若干法律法规。2006 年 10 月，《农民专业合作社法》颁布，2007 年 7 月 1 日施行。2007 年 5 月国务院公布了《农民专业合作社登记管理条例》，自 2007 年 7 月 1 日施行。2007 年 6 月，农业部公布了《农民专业合作社示范章程》，自 2007 年 7 月 1 日施行。2007 年 12 月，财政部公布了《农民专业合作社财务会计制度（试行）》规定，自 2008 年 1 月 1 日施行。2014 年 8 月，国家工商总局通过《农民专业合作社年度报告公示暂行办法》，自 2014 年 10 月 1 日起施行等。

随着现代农业的发展，新型经营主体规模的不断壮大，示范带动能力的显著增强，《农民专业合作社法》的一些规定已经不适应实践发展的需要，如一些农民专业合作社已由单一的生产经营转向从事多种经营和服务的综合化发展，需要对农民专业合作社的基本内涵予以重新界定。同时一些地方设立了农民专业合作社联合社，需要明确其法律地位，规范和保障它的发展。对原有的合作社法有必要作修改完善。

2017 年 12 月 27 日，十二届全国人大常委会第三十一次会议表决通过了新修订的《农民专业合作社法》。该法明确农民专业合作社联合社的法律地位，自 2018 年 7 月 1 日起施行。

新修订的《农民专业合作社法》主要在 6 个方面作了修改和完善。

1. 调整法律范围

对调整范围的修改，主要体现在两个方面：一是为适应农民专业合作社由单一生产经营模式向多种经营和服务综合化方向发展的转变，在第二条取消了"同类"的限制，扩大法律调整范围；二是结合农村民间工艺及制品、休闲农业和乡村旅游资源开发经营等新兴服务类型的发展态势，在第三条以列举的方式扩大农民专业合作社的服务类型。

2. 县级以上人民政府建立综合协调机制

2013 年 7 月，国务院批复同意建立全国农民合作社发展部际联席会议制度，明确了联席会议的主要职能、成员单位、工作规则和工作要求。部际联席会议制度的设立，有效加强了部门间协调配合，促进了农民专业合作社持续健康发展。为此，第十一条增加一款规定："县级以上人民政府应当建立农民专业合作社工作的综合协调机制，统筹指导、协调、推动农民专业合作社的建设和发展。"这就表明，一是县级以上人民政府在农民专业合作社建设和发展中的职责是"统筹指导、协调、推动"，不是"管理"；二是农民专业合作社建设与发展工作的主体是县级以上人民政府。

3. 进一步规范农民专业合作社的组织和行为

《农民专业合作社法》颁布实施以来，对农民专业合作社发展起到了规范作用，但由于实践中多数农民专业合作社成员少、基础薄弱，缺乏指导和监督等原因，依然存在很多不规范的现象，需要在促进其发展的同时依法予以进一步规范。

第十三条对成员的出资形式予以明确，除规定货币，实物、知识产权、林权等可以用货币估价并可以依法转让的非货币财产出资外，明确土地经营权可以作价出资，以及章程规定的其他方式作价出资。修改后，扩大了出资方式，适应了农民财产多样化和农村土地"三权分置"的发展趋势，平衡了农民财产权利的实现与农村社会稳定之间的关系，有利于保护农村家庭承包经营户在农民专业合作社中的利益。

第十七条对年度报告制度予以明确，要求农民专业合作社向登记机关报送年度报告，并向社会公示。

第二十四条和第二十六条分别对成员入社和除名的程序作了规定，明确都应经成员大会或者成员代表大会表决通过。

4. 增设农民专业合作社联合社一章

为了适应实践需要，修订后的法律在总则部分明确，农民专业合作社可以自愿设立或加入农民专业合作社联合社，在第七章对联合社的成员资格、注册登记、组织机构等作出规定。

第五十六条规定，三个以上农民专业合作社可以出资设立联合社。对于企事业单位和社会组织能否加入联合社，本条没有明确规定。但第六十三条作了兜底性规定，明确本章对联合社没有规定的，适用农民专业合作社的规定。

第五十七条对联合社取得法人资格的方式作了规定：一是经登记取得法人资格；二是登记机关是工商行政管理部门；三是登记时应按照第十三条提交相关文件；四是登记类型为"农民专业合作社联合社"。

第五十九条对联合社的组织机构作了规定，明确联合社应设立由全体成员参加的成员大会，不设成员代表大会，可以根据需要设立理事会、监事会或者执行监事，理事长、理事应当由成员社选派的人员担任。对这条规定应理解和把握以下几点：一是成员大会是联合社的最高权力机构，重大事项应由成员大会决定，选举和表决实行一社一票；二是理事会、监事会或者执行监事，不是联合社的必设机构；三是联合社的理事长和理事由成员社选派的人员担任，对该人员的身份未作规定。

5. 扶持政策

农民专业合作社作为以农民为主的互助性经济组织，需要国家给予一定的扶持政策。在之前扶持政策的基础上，本次修订主要增加了三方面的内容。

第六十五条中增加一款，规定县级以上人民政府应当对财政补助资金使用情况进行监督，以切实保障补助资金使用到位，提高资金使用效益。

第六十六条新增第三款鼓励农村保险、互助保险的发展，提高农民防范风险的能力。国家通过鼓励农民专业合作社依法开展互助保险，实现成员互助共济，缓解商业保险难的问题。

第六十八条新增用电用地方面的扶持政策，支持农民专业合作社开展农产品加工，降低生产成本，增加收入。

6. 其他方面的修改

第七条明确农民专业合作社享有与其他市场主体平等的法律地位，第十八条规定农民专业合作社可以向公司等企业投资，切实解决实践中一些农民专业合作社在向公司投资、从事农产品加工以及其产品进入超市销售等方面存在诸多限制的问题。

第三十二条明确成员代表大会的成员代表规模，解决了农民专业合作社在规模扩大、成员分散情况下，难以召开成员大会对重大事项进行表决的问题。

法律责任方面，加大了处罚力度。第七十条明确对采取欺诈手段取得登记的，可以处五千元以下罚款；情节严重的，撤销登记或者吊销营业执照。第七十一条明确对连续两年未从事经营活动的，工商行政管理部门可以吊销营业执照。强制退出机制的确立，有利于进一步整顿和清理"空壳社""挂牌社""家庭社"，引导农民专业合作社提升发展质量。

第七十三条明确国有农场、林场、牧场、渔场等企业中实行承包租赁经营、从事农业生产经营或者服务的职工，兴办农民专业合作社适用本法，确保上述主体可以成为农民专业合作社成员。

第六节　国外合作社发展基本情况

作为一种经济组织形式，国外合作社发展的类型、规模、速度、管理、效益各具特色，学习借鉴他们的管理与运营，对我们有很好的现实意义。

一、美国

在美国7个农场主有5个参加合作社，有的农场主会参加几个合作社。几乎主要的农作物都有合作社，玉米合作社、小麦合作社、大豆合作社、水果合作社、坚果合作社、肉牛合作社、生猪合作社等。乳牛合作社是美国最富有的合作社。合作社加工的农产品占全部农产品加工量的80%以上，合作社提供的化肥、石油占全部供应量的44%左右，提供的贷款占全部贷款的40%左右。

二、法国

在法国90%的农场主是农业合作社成员。农业合作社年收购粮油占全国粮油产量的75%，合作社猪肉生产占全国的89%，饮用葡萄酒占60%。在全部食品出口中，合作社出口的谷物占45%，鲜果占80%，肉类占35%，家禽占40%。

三、日本

日本农民几乎全部加入农协。在市场销售的农产品中，农协提供的米面占 95%，水果占 80%，全部畜产品占 51%，家畜占 80%。在供应的农业生产资料中，农协提供的肥料占 92%，饲料占 40%，农业机械占 47%，农药占 70%。

四、德国

在德国有五大类型专业合作社，一是农业合作社，主要是种植和养殖方面的合作社；二是手工业合作社，主要是乡村手工业和工业方面的合作社；三是住宅合作社，主要是住宅建筑、住宅管理方面的合作社；四是消费合作社，主要是餐饮服务、商业服务方面的合作社；五是信用合作社。

第七节　我国农民专业合作社的基本类型

一、龙头企业（公司）带动型

龙头企业为了获得充足的原料和稳定的货源，通过合作社把分散的农户生产的产品集中起来，龙头企业（公司）+合作社+基地（农户），形成基地规模，实现农业产业化经营。这对提高农产品的商品率和市场化程度，促进农村经济发展起了一定作用。

在目前的龙头企业带动型的模式中，农民没有真正成为农业产业化经营的主体，享受不到农业产业化经营带来的增值效益；龙头企业与农户之间缺乏有效的利益联结机制和风险制约机制，大多数龙头企业与农户的关系比较松散，合作社作用不明显，基本上是企业与数个分散农户之间的一种买卖关系，难以有效提高农民进入市场的组织化程度，也很难保证在市场波动的时候企业有稳定的货源，农户有稳定的销路。

二、合作社（协会）带动型

这种类型主要不同之处是以农民为主体，组建各类专业合作社或协会，通过合作社的产供销一体化服务，带动农民从事商品化生产和流通。有的合作社以生产的产品分类，如粮食专业合作社、蔬菜专业合作社等；有的协会以行业分类，如植保协会、农资协会等。据有关方面统计，最多的时候全国有 140 多万个各类新型合作经济组织，但真正规范运作的大约在 10%，而且这个数字还是动态变化的。

山东临淄区合作社为蔬菜定下"娃娃亲"

3 月 20 日，山东省淄博市临淄区齐都镇石佛堂蔬菜合作社的种植基地一片忙碌景象，忙着指挥装车的合作社理事长刘军良告诉笔者说，这些西葫芦早就定下了"娃娃亲"，出口韩国、新加坡等国家，价格是当前内销价的近 2 倍。

目前，临淄区蔬菜种植面积已发展到 17.5 万亩，蔬菜专业合作组织 35 个，蔬菜大棚 7.5 万个，蔬菜总产量达 112 万多吨，年销售收入 13.6 亿元，是全国绿色蔬菜标准化生产基地。为进一步稳定生产，促进农民增收，临淄农商银行加大精准信贷投放力度，通过"合作社+农户"的形式，培植壮大绿色蔬菜产业，打造优质蔬菜品牌，鼓励发展订单蔬菜，做好出口文章，让农民足不出村也发起了"洋财"。

"种订单蔬菜最大的好处就是旱涝保收，降低了农户种菜风险，农户只要按照合作社的订单种植适销对路的蔬菜，赚钱多还不愁卖。"刘军良如是说。

（来源：农民日报，2017-3-28）

三、"村委会（支部）+合作社"型

这类合作社是属于民事法律主体的其他组织，它是依法建立的,有自己的名称、组织机构和场所,拥有独立的财产和自主进行生产经营的能力,并能在一定的财产范围内独立承担民事责任,符合民事主体资格条件。发展到一定阶段,规模不断扩大,示范带动能力提高,对于壮大村集体经济,带动农民共同致富作用明显。但长此以往,就形成两枚公章一套机构,村委会、合作社决策机制相似,实践中职能相互重叠,往往会淡化对农民的服务职能,具有"政社合一性"。

山东菏泽:土地流转致富门　牡丹花开脱贫路

"我现在是到地里上班了。"吕胜勤老汉在地头说道,"干的活轻松,离家还近。"

吕胜勤是山东菏泽市牡丹区黄堽镇孟庄村人,他去年决定把家里全部5亩多地流转到牡丹专业合作社,开始收租金、当工人。"每亩地年租金1 800元,5亩多地一年就是9 000多元。"吕胜勤给记者算账的时候脸上挂着笑。

此外,老吕还在给当地的牡丹专业合作社打工,按照牡丹花的生长需要,从春天开始忙,每年忙的时间不低于6个月,主要做牡丹花的田间管理。老吕说:"这是老本行。"

仅仅1年多前,包括这5亩多地在内,老吕全家5口人的年收入只有3 000元左右。如今,租金加工资,老吕5亩多的土地带来的不仅是每年9 000多元的租金,还有每年不低于6 000元的工资。他家也因此实现了脱贫。

"牡丹花好啊。"孟庄村村支书庞培涛感叹着向记者介绍,他5年前最早开始建设牡丹园的时候,只流转了二三十亩地,后来村民们看到效益不错,踊跃加入,牡丹园面积也逐步扩大,"现在村里的土地全部流转了"。

孟庄村走在开满牡丹花的道路上。当地不仅有冠宇牡丹园、盛华牡丹园,还有加工车间,牡丹花不仅有观赏品种,还有食用品种。庞培涛说，这两个牡丹园的面积达到了 3 000 多亩，流转土地涉及周边 7 个村，一年中最忙的季节需要 200 多人工作。

在整个菏泽市，牡丹产业是不折不扣的"特色支柱产业"。目前菏泽市牡丹种植面积发展到 48.6 万亩，牡丹生产企业 120 家，牡丹产品 200 多个。

记者在位于孟庄村的冠宇牡丹种植专业合作社看到，这里的牡丹产品已然实现了多样化，有利用鲜花做成的"不凋花"工艺品，还有牡丹茶、牡丹油、牡丹系列化妆品。

黄堽镇扶贫办主任韩华先介绍，近年来，通过村委会（党支部）+合作社+农户的形式，当地依托多个牡丹龙头企业和牡丹专业合作社，建设牡丹种植基地 3 万余亩，其中流转 1 200 余户贫困户的 4 000 余亩土地，共吸纳 1 100 余名贫困群众到牡丹种植基地务工，贫困户每年土地租金和务工收入人均达到 4 800 元以上。

（来源：新华社，2017-4-18）

四、传统的供销社型

供销合作社在我国有较长的发展历史，是我国组织体系、经营网络最大，服务功能相对比较健全的合作经济组织。主要存在形式是托管服务合作社。但在改革开放后，虽然供销合作社从经营到办社体制上都进行了一系列改革，但与农村经济的发展和农民经济合作组织的目标要求相比还有很大差距，其自身发展也陷入了进退两难的境地。

五、股份合作社型

股份合作制是采取了股份制某些做法的合作经济，是社会主义市场经济中集体经济的一种新的组织形式。例如，土地股份合作社，实际上是在坚持农户土地承包权长期不变的基础上，放活土地经营权，以股份的形式进一步明确和完善了农户的承包权收益，使其成为取得集体二次分配的依据，集体资产实际上的出资人——社员，能够按其资产占有份额直接分享到相应的集体资产剩余分配权。可以认为，社区土地股份合作社是目前农村土地集体所有制下，在社区范围内兼顾公平与效率的一个好方法。

郑龙村的土地股份合作社

宁阳县郑龙村在依汶河北，土地肥沃，全村 320 户，1 260 人，人均 1 亩地。致富能人田文武当选为村支书以后，与村两委成员谋划并发动群众讨论，在新形势下集体经济如何发展，村民怎样才能致富。2007 年 9 月，在村里召开的村干部、党员代表、村民议事小组代表参加的"诸葛亮"会上，老党员"蘑菇大王"郑修东提议合伙养蘑菇，他提供技术，村里利用空闲地投资建大棚。此议获得代表一致赞成，随之建起 8 个大棚，养起了平菇和鸡腿菇，并与泰安弘海公司签订了订单协议，到年底净赚纯利 5 万元。

在与弘海公司合作的过程中，田文武带领村两委（村两委指村党支部委员会和村民委员会，简称村两委）干部多次到该公司和其他蔬菜种植基地参观学习。回村后，他就琢磨着成立合作社，种植高价值有机蔬菜的事情。但是，他的设想提出后，受到很多人的质疑，有的说，"俺种了一辈子粮食，万一种菜赔了咋办？"有的说，"把土地收起来种，那岂不是'吃大锅饭'，走'回头路'？"有人害怕，"和村里签了土地出让合同，到时候村里不给钱怎么办？"

面对村民的质疑和担心，村里确定了"群众自愿、土地入股、集约经营、收益分红"的原则，并挨家挨户做工作，同时由干部带头率先把土地入社，田文武还拿出 8 万元以个人名义与农户签订协议。干部带头，书记作保，110 户村民自愿出让了近 20 年的承包经营权，入社土地 300 亩。经股东大会讨论通过，建立健全了财务管理等各项管理制度，选举了理事会、监事会，推举田文武为理事长。合作社实行统一管理、统一经营，一亩一股，持股人除享受每亩地的股金（起初为 400 元/亩，后提高到 700 元/亩）外，还可自愿到合作社的基地上打工赚钱，年底盈余还可参与分红。具体分配办法是，按当年盈余的 10% 提取公积金和公益金，用于扩大生产服务能力和亏损补贴、发展合作社事业和社员福利，提取 10% 的风险金，用于合作社的生产经营遭遇重大经济损失时的补贴。

一季青豆下来，合作社净赚 36 万元，每亩土地年底分红达 1 000 多元。看得见、摸得着的高收益让原先没有入社的村民悔不当初，纷纷找田文武要求入社。2007 年 9 月，其余 150 户签订了土地承包经营权流转合同书，成为合作社的第二批"股民"。至此，入社土地 920 亩，其中包括邻村的 260 户 120 亩地。2008 年，村集体经济收入 40 多万元，农民人均纯收入 5 700 元，比 2006 年分别增长近 3 倍和 50%。

［来源：土地流转与农业现代化，管理世界，2010（7）：74-93，105］

六、"互联网+合作社" 型

随着互联网的普及，为扩大产品影响，拓宽销售渠道，提高销售效率，合作社通过创办自己的网页或者通过抖音直播形式，把合作社概况、经营状况、产品优势、营销策略、合作空间进行推介，开办特色网店，逐步探索出 "互联网+合作社" 新模式，在创品牌基础上，使合作社的产品销售跟上科技发展的步伐。

六硍镇："集散地+电商合作社"打通致富路

4月1日是浦北县六硍镇的赶集日，当天一大早，集市里的苗木交易市场一派火爆，各类木苗一应俱全，选购木苗的村民络绎不绝。

六硍镇是浦北较多山地的镇，在该交易市场上售卖木苗的老板吕扶信说："这里山岭多，种植经济林已经成为大家的共识，八角和杉木最受村民的青睐。除了在市场销售木苗，每天直接到合作社购买木苗的村民也很多，平均一天也有几千元的收入。"记者了解到，在木苗市场摆卖的都是"小打小闹"的生意，大单的销售还是在合作社里。去年在六硍镇党委政府的支持和引导下，合作社打开电商渠道，很多生意都是通过电话、微信成交的。

据了解，六硍镇的木苗市场已经有几十年的发展历史，目前已成为周边市县的木苗交易集散地。去年6月，该镇通过"党员+合作社+基地+农户"的运作模式，成立了浦北县万山杉木苗种子培育农民专业合作社，并引导农户开通电商销售渠道。"自合作社成立以来，六硍镇培育木苗面积250亩，可提供优质木苗1 000余万株，平均每个合作社成员将获得3万元的年收入。"六硍镇党委书记宁冲说。

（来源：广西日报，2017-4-7）

七、接二连三产业型合作社

随着现代农业的发展，合作社在经营过程中，为了扩大经营规模、提高效益，创造条件兴办农产品加工企业，由一产向二三产业延伸，实现一二三产业融合发展。通过延长产业链，提高农产品的附加值，增加农民专业合作社的效益，提高合作社社员的收益。

郑龙合作社兴办加工厂　延长产业链增效益

宁阳县蒋集镇郑龙村的土地股份合作社在社员尝到甜头的基础上，又创办了有机蔬菜合作社，借鉴原来合作社的运作模式。2009年该社投资600多万元兴建了蔬菜加工厂，并注册了"龙渔泉"牌产品商标。其中合作社投资280万元，属于合作社全体社员所有；合作社理事长投资100万元；几个骨干社员投资210万元；村集体以厂房占土地租赁费入股10亩地，每亩年租赁费600元，租赁期20年，合计12万元。通过蔬菜深加工，延长了农产品的价值链条，大大提高了合作社的效益和社员的收益。

［来源："股份+合作"土地流转模式的实践和启示——以宁阳县蒋集镇郑龙村为例，山东国土资源，2011，27（1）：56-58］

第二章　农民专业合作社创办原则

党的十八大报告指出，"发展农民专业合作和股份合作，培育新型经营主体，发展多种形式规模经营，构建集约化、专业化、组织化、社会化相结合的新型农业经营体系"。2013年中央一号文件指出，"农民合作社是带动农户进入市场的基本主体，是发展农村集体经济的新型实体，是创新农村社会管理的有效载体。按照积极发展、逐步规范、强化扶持、提升素质的要求，加大力度、加快步伐发展农民合作社，切实提高引领带动能力和市场竞争能力。鼓励农民兴办专业合作和股份合作等多元化、多类型合作社"。2015年中央一号文件进一步明确，"引导农民专业合作社拓宽服务领域，促进规模发展，实行年度报告公示制度，深入推进示范社创建行动"。党的二十大更是把发展壮大以合作社为代表的新型农业经营主体规模和示范带动能力，走共同致富之路提升到更加重要的位置。所有这些，为广大农民放开手脚，积极创办农民专业合作社奠定了基础。

第一节　创办农民专业合作社的条件

设立农民专业合作社，应当具备一定的条件，一般应具备下列五方面条件。

一、有5名以上符合规定的成员

对于加入合作社的成员也有一定的要求。

第一，凡是具有民事行为能力且遵纪守法的公民，以及从事与农民专业合作社业务直接有关的生产经营活动的企业、事业单位或者社会组织，能够利用农民专业合作社提供的服务或能为农民专业合作社提供服务，承认并遵守农民专业合作社章程，履行章程规定的入社手续的，便可以成为农民专业合作社的成员。农民专业合作社应置备成员名册，并报登记机关。

第二，具有管理公共事务职能的单位不能加入农民专业合作社。

第三，为保证农民在合作社中的主体地位，农民专业合作社的成员中，农民至少应当占成员总数的80%。

二、具有符合合作社法的合作社章程

章程对合作社名称、处所、业务范围、成员权利和义务、出资方式、财务管理与分配、公告事项等有明确规定。

三、有符合合作社法规定的组织机构

第一，权力机构，即合作社成员大会是合作社的权力机构。

第二，理事会、理事长，理事长是合作社的法定代表人。

第三，执行监事或监事会。监督合作社生产经营与管理事项。

第四，经理和财务会计人员。经理可以理事长兼任，也可以按照合作社章程或理事会决定，聘任其他人员。

四、符合法律、法规规定的合作社名称和章程规定的住所

农民专业合作社的名称，应符合国家工商行政管理局关于《企业名称登记管理规定》的要求。农民专业合作社应有固定的场所，其场所应在合作社章程中规定，到工商行政管理部门

注册合作社时，应提供住所使用证明。

五、有符合章程规定的成员出资

社员入社资金可以称为身份股，身份股必须每个社员都入。身份股的数额有合作社的经营需要和社员的承担能力决定。社员的出资是合作社可以支配的资金。

第二节　农民专业合作社的登记注册

根据《农民专业合作社法》第十六条规定，设立农民专业合作社，应当向工商行政管理部门提交相关文件，申请设立登记。还规定，农民专业合作社登记办法由国务院规定，并明确办理登记不得收取费用。

一、登记注册基本程序

登记注册程序由申请、审查、核准发照以及公告等几个阶段组成。

从申请人的角度看，设立农民专业合作社。根据《农民专业合作社法》第十六条规定，一般要经过以下步骤。

设立农民专业合作社，应当向工商行政管理部门提交下列文件，申请设立登记：

（一）登记申请书；

（二）全体设立人签名、盖章的设立大会纪要；

（三）全体设立人签名、盖章的章程；

（四）法定代表人、理事的任职文件及身份证明；

（五）出资成员签名、盖章的出资清单；

（六）住所使用证明；

（七）法律、行政法规规定的其他文件。

登记机关应当自受理登记申请之日起20日内办理完毕，向符合登记条件的申请者颁发营业执照，登记类型为农民专业合作社。

农民专业合作社法定登记事项变更的，应当申请变更登记。

登记机关应当将农民专业合作社的登记信息通报同级农业等有关部门。

农民专业合作社登记办法由国务院规定。办理登记不得收取费用。

二、网上申报

随着机构改革的推进，服务效能的提高，农业专业合作社也可通过网上申报系统，填写有关申报注册的材料，再将财务负责人，成员出资清单，合作社登记备案申请书等提交行政许可部门即可。

第三节　农民专业合作社的基本原则

一、"民建、民管、民用、民受益"原则

《农民专业合作社法》明确规定了合作社创立、发展、管理、目的等基本要求，从法律上就把"民建、民管、民用、民受益"原则，固定下来。利于合作社的自我发展和完善。

二、"入社自愿退社自由"原则

合作社是一个开放性、服务型、社会化经济组织，不搞强迫命令，不搞拉郎配，农民自愿结合，抱团闯市场。社员可根据自身情况自愿入社，自由退社，有充分的自由度。

三、"一人一票制"原则

合作社是自愿联合民主管理的互助型经济组织,充分尊重社员的主人翁地位,以章程的方式把权利和义务固定下来,特别是在选举和表决事项时,实行的是"一人一票制"。

四、"利益均享风险共担"原则

通过合作社的优势与服务,提高农民的组织化程度和抗市场风险的能力,但社员享受的利益、应尽的义务和担负的责任不能偏废,要把抵御风险的每一道防线和防控点都要有合作社和每个社员共同承担。

蛋价新低,合作社凭"无公害"模式避险

时下,蛋价创下了十余年来的新低,有的地方甚至跌到了每斤2.2元,而生产一斤鸡蛋的成本却是2.9元左右。在泰安、聊城、德州等地的不少县市的养鸡户纷纷表示,卖蛋买鸡都赔钱。然而,庆云县旺盛蛋鸡养殖专业合作社却丝毫没有受这降价潮的影响,春节和元宵节期间稳稳地赚了一把。

单价低迷期,无公害鸡蛋"很救命"

2月16日,庆云县经济开发区东杜树村旺盛蛋鸡合作社理事长解义军一大早就准备好了6 000枚鸡蛋,准备给庆云县最大的购物中心——澳城购物中心以及另外一家大型超市送去。她家的无公害鸡蛋一直稳定在6元1斤,而当地的普通鸡蛋却只有2.3元1斤。合作社日产2.8万枚鸡蛋有一多半进了超市。

差价如此之大,原因在于这家合作社生产的是无公害鸡蛋。虽然生产一斤无公害鸡蛋的成本价由2.9元提高到了4元左右,但合作社却因此增收。理事长解义军坦言,起初,庆云县的消费者是不认同无公害鸡蛋的,就算是学校、幼儿园、养

老院这些公共单位也不认。为此，她在超市2天狂砸1万元搞促销活动，"凤进牌"无公害鲜鸡蛋，买一送一。这是为了让庆云市民认识无公害产品而下的"血本"。解义军说，没想到，这笔钱砸下去，她家的无公害鸡蛋销路却打开了。生产一斤无公害鸡蛋，合作社就净赚2元钱。

"真没想到，这个蛋价低迷期，无公害鸡蛋反而救了命。"解义军说，如今，澳城购物中心旗下的30余家超市都卖上了合作社的高价无公害鸡蛋。

为规避风险，102户社员用一个标准养鸡

解义军办合作社，可谓一个标准。为规避风险，让每个社员身上有责任，合作社规定，凡是加入合作社的社员，一律按统一的标准养鸡。社员养殖的每一个细节，要完全按照国家规定"药物使用管理制度""无害化处理制度""消毒卫生制度""免疫制度"进行。合作社对社员提供统一饲料、统一防疫、统一销售服务。

起初，合作社只吸纳庆云本地养殖户，如今，河北省沧州市、山东省滨州市的养殖户也纷纷加入进来，这102户社员用一个标准来养鸡。入社就要交股金、就要担风险，这也是合作社的规矩。交5 000～10 000元的社员占到80%。合作社也为此获得了做无公害农产品的原始资本。据介绍，合作社2015年分红达200余万元，2016年市场这么严峻，分红还超过100万元。大家都有一个共同的理想，把鸡养好。大家的产品都有一个共同的名字："凤进牌"无公害鲜鸡蛋。

（来源：农村大众，2016-04-07）

五、"按交易量返利"原则

合作社只要运作就要涉及返利分红，合作社章程就明确规定了按每个成员对合作社贡献的产品数量，作为利润返还的依

据，规模越大、交易量越多。同时，返还的利润就越多，就更利于成员做大做强主导产业。因为，返利分红的来源来自两部分，一是合作社统购农资时，从节约的差价部分提取一部分；二是统销社员农产品时，从高于市场价的部分提取一定比例。而实际操作过程中，年终利润返还分红的依据只能是社员通过合作社销售的农产品数量。例如，兰陵县一家规模较大的合作社与上海蔬菜批发市场建立了直供关系，包销合作社的蔬菜，质量合作社严格监控，供到上海的蔬菜价格比兰陵县当地的价格高 0.5~1.0 元，合作社就按每斤 0.1 元的标准提取服务费，年终合作社的利润返还时，就按每个社员通过合作社销售蔬菜的总量作为依据之一。

第四节　农民专业合作社与其他经济组织的关系

农民专业合作社作为新型经营主体的出现，是其他经济组织并驾齐驱的有利补充和完善，但与它们有着本质的区别。

一、农民专业合作社与计划经济时期集体经济组织的区别

从理论上讲，合作社也是集体经济的一种形式。但与 20 世纪 50 年代的合作社、六七十年代的生产队都有着本质的区别。

1. 经营体制不同

计划经济时期的集体经济组织是"一大二公"的经营体制，是人民公社领导下的三级所有。而农民专业合作社是建立在家庭承包经营基础上的，是对统分结合、双层经营的农村经营体制的进一步丰富和完善。

2. 开放程度不同

原集体经济组织是政社合一组织，具有严格的社区界限。

农民专业合作社是服务型经济组织，政社分开，没有社区限制，成员也没有户籍限制，企业与团体成员没有所有制限制，是一个开放的经济组织。合作社成员可进可退，完全自愿，即入社自愿退社自由。

3. 产权制度不同

原集体经济组织所有财产归人民公社、生产大队、生产小队等三级所有，产权模糊。合作社则产权明晰，即入社资金归社员所有，公积金量化成份额归成员所有，其他资产包括财政补贴和他人捐赠形成的财产量化为成员份额，并按比例分配。可概括为：不改变承包关系、不改变财产关系、资产归全体成员所有。

4. 分配原则不同

合作社是按交易量返利与按要素分配相结合。原集体经济组织是按人或按劳动力平均分配。

二、农民专业合作社与公司制企业的区别

1. 成员的权利不同

合作社中是一人一票，出资额或交易量较大的成员，按章程规定可以有附加表决票，但最多不能超过 20%。而公司制企业中股东权利完全按出资额确定，实行一股一票。

2. 收益分配不同

合作社主要按成员与本社的交易量比例返还，而且返还比例不低于可分盈余的 60%，同时对盈余的剩余部分，再按成员个人账户记载的出资和公积金份额以及量化到成员的财产份额，按比例分配。而公司制企业完全按出资额享有资产受益，按股分红。

3. 组织方式不同

合作社成员既是所有者，也是经营者，还是惠顾者，三者

是统一的；而公司制企业的所有者、经营者、惠顾者是分离的，他有一套特殊的控制机构。合作社的管理层是社员民主选举的，而公司制企业的董事会是由出资人组成，相对控股者为董事长。合作社奉行"入社自愿退社自由"原则，而且是"退社退资"。公司制企业一旦登记成立，其股份不可退出，只能转让。

4. 价值取向不同

合作社对社员以服务为宗旨，不以营利为目的，对外的营利也主要出于保护社员的利益。公司制企业以追求利润最大化为目标。

三、合作社与社团的区别

根据我国 2016 年修订的《社会团体登记管理条例》规定，社会团体的主要特征是不得从事营利性活动。社会团体的经费，以及开展章程规定的活动按照国家有关规定所取得的合法收入，必须用于章程规定的业务活动，不得在会员中分配。

《农民专业合作社法》中明文规定：①农民专业合作社是在农村家庭承包经营基础上，农产品的生产经营者或者农业生产经营服务的提供者、利用者，自愿联合、民主管理的互助性经济组织，这说明合作社是个经营主体；②成员可按照章程规定或成员大会决议分享盈余，这说明合作社的盈余要对社员分配；③农民专业合作社的破产适用于企业破产法的有关规定。

第三章　农民专业合作社管理运营的规律

目前，我国的合作社发展仍处在发育的初级阶段，由于发展历程比较短暂，农民合作起来凭借自身力量直接进入市场，参与市场竞争，力量薄弱，合作文化底蕴不足，自身的弱质性比较突出，规模小，数量少，无法形成独立的体系。农民专业合作社的整体经济实力在整个农村经济中微不足道，再加上国际化竞争日益加剧，市场发育的不充分等原因，农民专业合作社的发展和管理运营举步维艰。但也显现出了这一时期的基本规律。从业务范围、制度管理、人员管理、资产管理、内部控制、利益分配6个方面，介绍一下合作社管理运营的基本特征。

第一节　业务范围

一、业务范围确定

农民专业合作社的业务范围是指经登记机关依法登记的农民专业合作社所从事的行业、生产经营的商品或者服务项目。农民专业合作社的业务范围应当由农民专业合作社全体设立人在法律、行政法规允许的范围内确定，由农民专业合作社的章程规定并经登记机关依法登记。农民专业合作社的业务范围经登记机关依法登记后具有法律效力，它直接决定并反映农民专业合作社的权利能力和行为能力，农民专业合作社要严格遵守，不得擅自超越或者随意改变。

二、具体范围

农民专业合作社的业务范围以农村家庭承包经营和围绕承包经营活动开展服务。登记机关对申请人根据其章程提出的申请，依据《农民专业合作社法》和条例的有关规定核定其业务范围，提供农业生产资料的购买，农产品的销售、加工、运输、贮藏以及与农业生产经营有关的技术、信息等服务。涉及登记前置许可的经营项目，如"农药生产经营""种畜禽生产经营"等，应当按照国家有关部门许可或者审批的经营项目核定业务范围。不涉及登记前置许可的经营项目，根据申请人的申请，还可以参照国民经济行业分类标准的中类或者小类核定业务范围。

第二节　制度管理

一、运营机构管理

1. 法定代表人制

农民专业合作社的法定代表人是指代表农民专业合作社行使职权的负责人。农民专业合作社的理事长为农民专业合作社的法定代表人。

农民专业合作社理事长依法由农民专业合作社成员大会从本社成员中选举产生，依照《农民专业合作社法》和章程行使职权，对成员大会负责。农民专业合作社的成员为企业、事业单位或者社会团体的，企业、事业单位或者社会团体委派的代表经农民专业合作社成员大会依法选举，可以担任农民专业合作社的理事长。

2. 决策机构

合作社的最高权力机构是全体成员大会或成员代表大会。

社员（代表）大会由全体社员（代表）组成，社员代表由社员选举产生，代表任期3~5年，可连选连任。

3. 执行机构

理事会是合作社的执行机构，即运营机构。在业务机构的设置上，可以依据合作社的发展状况，下设职能部门，如营销部、生产部等。

4. 监督机构

监事会是合作社的监督机构，代表全体社员监督合作社的财务和业务执行情况。

二、规章制度

由于合作社分布的地域不同，业务类型、组织结构、规模大小不尽相同，所以，各农民专业合作社制定的规章制度会有所差异，但一般来说，都会包括以下几个方面的内容。

1. 成员（社员）代表大会制度

本制度主要目的是保护合作社成员的合法权益，对以下事项做出规定。

（1）成员（社员）代表大会职责。

（2）代表选举和连任方法。

（3）大会会议召集、召开等事项。

（4）大会选举或决议的表决方法。

（5）说明临时召开社员（代表）大会的情形。

（6）其他事项。

2. 理事会工作制度

理事会是合作社的执行机构，对成员（社员）代表大会负责。理事会工作制度主要明确以下事项。

（1）理事会规模、选举办法、任期、连任。

（2）理事会职责。

（3）理事会会议的表决方法。

（4）理事长的选举办法。

（5）理事长的主要职责。

（6）理事会的工作程序等。

3. 监事会工作制度

监事会作为合作社的监督机构，其工作制度框架与理事会工作制度类似，主要规定监事会职责，监事会的召开、表决，监事长的选举、职责等。

4. 财务管理制度

农民专业合作社主要体现自我服务的公益性。财务管理制度主要包括以下方面。

（1）核算体制。

（2）资金来源。

（3）盈余分配。

（4）财务控制。

5. 社员管理制度

社员管理制度主要依照合作社法，明确社员的入社、权利、义务、退社等方面的内容。

6. 其他制度

对其他的事项做出规定，如资产管理制度、业务管理制度、档案管理制度、培训制度等。

第三节　人员管理

一、社员（会员）管理制度

社员管理制度主要包括：社员入社管理，主要规定社员入社手续和明确社员权利义务；社员退社管理，主要明确社员退社的手续，以及退社时相关盈余债务的处理；其他情况规定等。

二、现实中存在的问题

尽管许多地方政府出台了社员管理制度的很多规定，但仍然存在着许多管理不规范的地方。如有的合作社缺乏或不执行基本的加入或退出手续，仅靠一本社员花名册作为成员的入社凭证和身份证明；有的合作社对社员权利和义务制定的模糊不清，或者利益联结非常松散，以至于不能将社员有效地组织起来进行管理。

第四节 资产管理

合作社的资产属于全体社员所有，合作社有必要对本社所拥有的资产进行严密的管理和控制。资产管理主要有两方面的管理内容，即内部牵制管理制度和责任管理。

一、内部牵制管理制度

内部牵制管理制度主要体现在资产的购置、验收、保管、使用、处置等环节上，实行"五公开"。即购置计划与审批、审批与采购、采购与验收保管、保管与使用审批、处置与审批相互分开，相互牵制，相互监督。

二、责任管理

责任管理，即对资产的购置、验收、保管、登记、清查都要确定专人管理。

一是建立资产台账登记责任制度，确定专门人员对资产的购置、验收和保管、使用进行登记，建立台账，落实责任。凡是造成资产损失或者浪费，又不能补救的，其直接和间接损失由责任人赔偿。

二是财务部门要根据本社实际，分门别类确定易耗品使用期限和周期，以及固定资产的折旧年限和比例，以实事求是的原则确定资产折旧。

三是财务部门要定期对实物资产进行账账、账卡、账实查清，向理事会呈报实物资产清查报告，提出实物资产管理问题解决方案。

四是还要加强对合作社商标、土地使用权、非专利技术、商誉等无形资产的管理，以防无形资产的流失。

第五节　内部控制

农民专业合作社具有人员少、经营环节多、手续制度多的经营特点，所以建立完善内部控制管理制度十分必要。

一、建立人员控制制度

农民专业合作社的日常工作人员宜少而精，人员的数量、素质、报酬应由理事会决定。经理、技术负责人、财务负责人、资产保管员、出纳人员的任用、解聘应提交理事会决定。特别是财务人员一经聘用，就要经过专业培训，持证上岗，确定其在合作社的行政管理地位及责任，并定期考核、评审以上人员，确定奖惩及是否续聘。

二、建立资金的内部控制制度

合作社必须根据国家的有关法律规定，结合各自的实际状况，建立健全货币资金内部控制制度。合作社取得的现金均应及时入账，不准以白条抵库，不准挪用，不准公款私存。

三、建立销售业务内部控制制度

合作社应按照规定的程序办理销售和发货业务，并加强有关单据和凭证的相互核对工作。

合作社应当按照有关规定及时办理销售收款业务，应将销售收入及时入账，不得账外设账。

合作社应加强销售合同、发货凭证、销售发票等文件和凭证的管理。

四、建立保管人员的岗位责任制度

存货入库时，保管员清点验收入库，填写入库单。

存货出库时，由保管员填写出库单，主要负责人批准，领用人签字，保管员根据批准后的出库单出库。

五、建立生产经营相关事项的审批制度

合作社的生产成本是指合作社直接组织生产或对非成员提供劳务等活动所发生的各项生产费用和劳务成本。

合作社的经营支出是指合作社为成员提供农业生产资料的购买、农产品的加工、销售、运输、贮藏以及与农业生产经营有关的信息技术等服务发生的实际支出。

管理费用是指合作社管理活动发生的各项支出，包括管理人员工资、办公费、差旅费、管理用固定资产的折旧、业务招待费、无形资产摊销等。

其他支出是指合作社除经营支出、管理费用以外的支出。

对以上各种开支，合作社要区分不同性质、不同额度分别审批。

关于农民专业合作社固定资产

一、农民专业合作社固定资产的含义

合作社固定资产是指房屋、建筑物、机器、设备、工具、器具、农业基本建设设施等，凡使用年限在一年以上、单位价值在500元以上的列为固定资产（对企业而言，固定资产价值设定在1 000元以上）。有些主要生产工具和设备，单位价值虽然低于规定标准，但使用年限在一年以上的，也可列为固定资产。

合作社以经营租赁方式租入和以融资租赁方式租出的固定资产，不应列作合作社的固定资产。

二、固定资产入账价值的确定

合作社固定资产入账价值应当根据具体情况分别确定。

1. 购入的固定资产，不需要安装的，按实际支付的买价加采购费、包装费、运杂费、保险费和交纳的有关税金等计价；需要安装或改装的，还应加上安装费或改装费。

2. 新建的房屋及建筑物、农业基本建设设施（养殖圈舍供水管道之类）等固定资产，按竣工验收的决算价计价。

3. 接受捐赠的全新固定资产，应按发票所列金额加上实际发生的运输费、保险费、安装调试费和应支付的相关税金等计价；无所附凭据的，按同类设备的市价加上应支付的相关税费计价。接受捐赠的旧固定资产，按照经过批准的评估价值或双方确认的价值计价。

4. 在原有固定资产基础上进行改造、扩建的，按原有固定资产的价值，加上改造、扩建工程而增加的支出，减去改造、扩建工程中发生的变价收入计价。

5. 投资者投入的固定资产，按照投资各方确认的价值计价。

三、固定资产账务处理

1. 购入不需要安装的固定资产，按原价加采购费、包装费、运杂费、保险费和相关税金等，借记"固定资产"，贷记"银行存款"等科目。购入需要安装的固定资产，先记入"在建工程"科目，待安装完毕交付使用时，按照其实际成本，借记"固定资产"，贷记"在建工程"科目。

2. 自行建造完成交付使用的固定资产，按建造该固定资产的实际成本，借记"固定资产"，贷记"在建工程"科目。

3. 投资者投入的固定资产，按照投资各方确认的价值，借记"固定资产"，按照经过批准的投资者所应拥有以合作社注册资本份额计算的资本金额，贷记"股金"科目，按照两者之间的差额，借记或贷记"资本公积"科目。

4. 收到捐赠的全新固定资产，按照所附发票所列金额加上应支付的相关税费，借记"固定资产"，贷记"专项基金"科目；如果捐赠方未提供有关凭据，则按其市价或同类、类似固定资产的市场价格估计的金额，加上由合作社负担的运输费、保险费、安装调试费等作为固定资产成本，借记"固定资产"，贷记"专项基金"科目。收到捐赠的旧固定资产，按照经过批准的评估价值或双方确认的价值，借记"固定资产"，贷记"专项基金"科目。

5. 固定资产出售、报废和毁损等时，按固定资产账面净值，借记"固定资产清理"科目，按照应由责任人或保险公司赔偿的金额，借记"应收款""成员往来"等科目，按已提折旧，借记"累计折旧"科目，按固定资产原价，贷记"固定资产"。

6. 对外投资投出固定资产时，按照投资各方确认的价值或者合同、协议约定的价值，借记"对外投资"科目，按已提折旧，借记"累计折旧"科目，按固定资产原价，贷记

"固定资产"，投资各方确认或协议价与固定资产账面净值之间的差额，借记或贷记"资本公积"科目。

7. 捐赠转出固定资产时，按固定资产净值，转入"固定资产清理"科目，应支付的相关税费，也通过"固定资产清理"科目进行归集，捐赠项目完成后，按"固定资产清理"科目的余额，借记"其他支出"科目，贷记"固定资产清理"科目。

四、合作社应当设置"固定资产登记簿"和"固定资产卡片"

按固定资产类别、使用部门和每项固定资产进行明细核算。

五、固定资产期末借方余额

反映合作社期末固定资产的账面原价。

第六节　利益分配

一、农民专业合作社利益分配原则

《农民专业合作社法》规定了可分配盈余按成员与本社交易量（额）比例返还，返还总额不得低于可分配盈余的 60% 的分配原则。这一分配原则是由农民专业合作社的特殊性决定的。主要体现在以下方面。

农民专业合作社不单纯是资本的联合，而主要是农民的劳动联合。

农民专业合作社虽然属于经济组织，但并非以营利为目的，而是以服务为宗旨，这是农民专业合作社成立的出发点和根本点。

加入农民专业合作社的成员，主要不是为了参加合作社来牟取利润，而是为了合作社提供的服务和帮助。

二、农民专业合作社的收益分配机制

从目前大多数合作社看来，采用按交易量（额）返还并没有成为一种普遍采用的做法。原因如下。

一是我国农民专业合作社成立时间相对较短，前期投入成本较多，没有过多的盈余可以返还，况且资本对于大多数合作社来说是稀缺的，自然会有更大的权利。

二是按交易量返还需要有一定的周期，社员更愿意进行直接的现金交易，销售农产品的同时就能获得全部收益。他们更喜欢获得合作社给予的价格优惠或免费（优惠）的运销服务、技术服务等。

三是农民对合作社的认识还不够充分，对是否加入合作社持观望态度。

因此，对合作社而言，按交易量（额）返还盈余在未来一定会成为一种收益分配机制确立下来。还可能有其他形式，如引进股份制的合作社，还会在条件成熟时，实行二次分红机制。农机专业合作社还会依照这个机制实行按机手工作量来计酬的分配形式。

第四章　目前农民专业合作社管理运营存在的问题

可以肯定的是，合作社在新型职业农民发展现代农业中，带动农民进行种植结构调整，做大做强农业主导产业，帮助农民搞好产前、产中、产后系列化服务，增加集体收入，解决一家一户单打独斗、创市场能力不足等方面，起到不可替代的作用。但是，事物的发展壮大总有一个渐进的过程，在这个过程中出现困难和问题，在所难免。

第一节　农民专业合作社发展存在的问题

第一，冒牌合作社多。只是申领了一个合作社营业执照，没有具体运作，个别个体经营、股份经营，为享受政策优惠，打着合作社的旗号，俗称"皮包合作社"。

第二，大多合作社的规模小，户数少，示范带动能力弱。

第三，抱团闯市场的运行机制（利益共享、风险共担）没有建立起来，多数还是单打独斗。

第四，董事会、监事会运作不规范，制度不健全，向心力弱，发展劲头不足。

第五，组织化程度低，缺乏市场竞争力，不营利、不分红，缺乏凝聚力。

第六，有的以合作社的名义吸纳资金，进行营利活动，增加资金筹措风险。

这样的专业合作社太不"专业"

当地村民质疑说，奶牛养殖合作社的法人跑了，"我们的玉米秸秆钱该找谁要？"

这些问题开始于2016年1月，平阴县东阿镇鼎丰盛奶牛养殖合作社法人代表张建国突然失去了踪影，合作社运营中存在的问题也浮出水面。

260户村民追讨秸秆钱

1月5日，记者赶赴当地进行调查采访。这个时间点，距离村民卖玉米秸秆已经过去一年多了，当地法院也已经判决村民胜诉，但他们依然在为秸秆钱"纠结"着。

"我们是2015年（农历）八月卖的玉米秸秆，作为奶牛养殖合作社的饲料。"东阿镇于庄村村民老田表示，"合作社法人代表跑了的时候，这些饲料都没有损失，后来都被法院查封了。但是现在，这些饲料也快没有了，我们的秸秆钱该找谁要？"

老田告诉记者，有村民卖的是玉米秸秆，但自己卖的是全株玉米。"有玉米、有秸秆，0.1元多一斤的价格，好几亩地有几千块钱啊，差不多一年的收入就没了。"

像老田这样的村民，在鼎丰盛合作社周边村庄大约有260户。据鼎丰盛合作社有关人士透露，有的村民被欠了100元、200元，但有的村民被欠上万元，加起来有120万元左右。此外，还有合作社约30名工人的工资，这些欠款加起达到了180多万元。

在鼎丰盛合作社，记者见到了曾经的合作社成员崔广生。现在，他接受当地法院委托，管理被查封的奶牛和饲料。"当年，合作社从村民手中收购了两池子秸秆饲料，用掉了一池子，后来有一部分卖给了其他奶牛场，但钱都在法院封存着。"

他透露说，"牛奶市场好的时候，村民的秸秆钱到年末时都能按时结算。但到2015年，牛奶市场形势不好，合作社法人代表又挪用资金建新厂，资金链断了，就无法维持下去了。"

政府为农民聘请了律师

2016年1月16日，鼎丰盛合作社法人代表张建国突然跑了，合作社"成员"抢了奶牛自己变卖……这些消息在附近村庄散播，也引发了欠款村民的不满。

"面对这种情况，我们采取果断措施，由当地公安、法院出面进行了封存，镇党委镇政府拿出诉讼费，协助村民起诉了鼎丰盛合作社及其法人代表，通过法律途径来维权。"平阴县东阿镇镇政府有关负责人表示，这些经济诉讼已经在2016年9月审结了。

这位负责人表示，由于诉讼数量较多，这些判决正在陆续进入执行程序。"我们以政府名义聘请了律师，来帮助这些村民讨回自己的损失。"

崔广生表示，目前正在喂养的有81头小奶牛，市场估价在四五十万元左右。"这些小奶牛，是法院查封时留下来的，到现在都没有到产奶期，都是在赔钱喂养着。"

据他介绍，10年前，当地大力发展奶牛养殖产业，鼎丰盛合作社就成立了。"市场形势好的时候，合作社有800多头奶牛，是当地一流的奶牛场。但到2016年之前，合作社法人代表自己的奶牛已经很少了，都陆续卖掉了。"

崔广生解释说，这两年市场形势发生变化，私人养一头奶牛一年只能挣一两千元。"在奶业公司的'撮合'下，许多散养牛的人就把牛集中在合作社，统一购买饲料、统一管理、统一挤奶，后来'出事'时都各自被牵回去了。"

专业合作社需要监管与规范

如今，崔广生的临时办公地点，就是鼎丰盛合作社原来的办公室，墙上挂满了"社员（代表）大会制度""监事会工作制度""议事规则制度""社务公开制度"等。

"这些都是摆设。"崔广生表示，这些规章制度都是应付人的，从来没有开过会，财务也是合作社法人代表的妻子管着，"我们这些所谓的合作社成员，就是拿工资干活儿的工作人员。说起来，这应该是家族式企业。"

对此，青岛农业大学合作社学院院长李中华教授表示，这不是个案，类似的情况发生过。"这既有合作社监管不到位的问题，也有自身不规范的问题。"

李中华说，在名义和形式上，这说是合作社，但实际上是夫妻店或个人名义的公司。就算有合作社的名义，也没有真正建立相关的规章制度。

据李中华介绍，目前国家正在完善专业合作社法。"现在的农民专业合作社，会由县级以上的农业部门进行指导，但并没有明确的监管部门，这会造成严重后果。在专业合作社发展初级阶段，我们既要对合作社发展进行指导，也要进行监管，防止其走偏了。"

对于专业合作社内部规范问题，李中华认为当前存在着数量多质量低的问题。"我们对于专业合作社的教育普及工作做得不够，许多人或主动或被动加入了，但都没有弄明白合作社利益共享、风险共担等原则，糊里糊涂地就进了合作社，缺少监督、审计等规章制度。"

李中华建议，除了加大专业合作法宣传教育，相关人才的培养也是迫在眉睫，农村缺少专业合作社的"带头人"。

（来源：大众日报，2017-1-7）

第二节　农民专业合作社管理运营存在的问题

总结农民专业合作社的发展历程，在管理运营方面主要存在以下问题。

一、管理人员短缺

火车跑得快全在车头带，有些合作社发展迟缓或者运作不规范，很大程度上缺少一个能带领大家共同致富的合作社社长。这个现象还很普遍，这与我国农民的文化程度、综合素质偏低有直接关系。所以培育一大批高素质农民致富带头人的任务十分迫切和艰巨。

二、启动资金匮乏

合作社要实行"统一化生产经营"，没有前期投资或垫资是行不通的。但让入社成员出资一方面积极性不高，另一方面出资额太大了成员不好接受，导致合作社的启动资金不足，"统购统销"难以实现，增加了抱团闯市场的难度。"成员账户"运用欠规范。合作社虽说都建有"成员账户"，但往往只记载成员初始出资额了事，缺失实质内容，而"成员账户"是合作社年终分配盈余的重要依据。

三、规范管理不严

虽然大多合作社也建立了董事会、监事会等组织机构，但受与成员之间的关系影响，在管理的水平、力度和执行力上，往往是雷声大雨点小，浅尝辄止，在靠制度管人、靠管理处事上缺乏规范，致使合作社形聚神散，貌合神离。通常情况下，由于合作社理事长等核心成员的现金出资占比较大，其往往混淆了合作社与股份制公司的本质区别，认为出资额大就理应自己说了算，使得社里主要事务多由理事长等核心成员拍板定案。还有相当一部分合作社没有建立完备的组织架构，理事会挂名，监事会缺位，成员（代表）大会虚置，定期公开社务也很难真正体现。

四、规模效益较差

农民专业合作社法规定成立合作社必须有 5 人以上成员发起，这就肯定了合作社必须要有一定规模。但现实情况是，由于合作社缺乏盈利，社员不能分红，致使非社员看不到加入合作社的好处，对他们缺乏吸引力，影响了合作社规模的扩大。而没有规模的合作社就没有规模效益，结局只能是小打小闹成不了气候。

五、没有品牌带动

合作社的生产经营中遇到的实际问题大多集中在社员的农产品不能实现优质优价，甚至有的社员抱怨，自己生产的产品费劲不少，质量又好，怎么就是卖不上好价钱呢？其中原因很多，但关键是产品没有品牌，缺乏市场竞争力。一家一户打品牌较难，关键就要发挥合作社的作用。合作社就要资源共享，在销售上一个拳头对外，为社员的农产品注册一个响当当的名字，在产品上贴上标签，风风光光地闯市场。相信只要产品质量过硬，再加上品牌带动作用，肯定能卖上好价钱。

胶州娄敬庵村民的"致富果"

青色西红柿让村民增收上千万

西红柿一般每斤卖三四元钱，而胶州娄敬庵村种植的"水果"西红柿，市场价却高达每斤 8 元。这几天，从胶西镇娄敬庵西红柿种植基地发往岛城的这种青色西红柿每天都有上万斤，全村村民一年增收达到 1 000 万元以上。

7 日上午，记者来到种植基地，只见一条宽阔的水泥路笔直地南北延伸，道路两旁是一排排规划有序的大棚，一些村民们正忙着深翻土地，撒放豆饼肥。走进大棚，浓浓的暖意扑面而来，放眼望去一片绿意盎然，成串的果子挂满枝蔓。

村民刁全令正将一些青色的西红柿摘到筐子里，准备装箱出售。青色西红柿看上去像没熟透，吃起来却是皮薄肉厚、酸酸甜甜。"这就是我们这个西红柿的特色，在没熟透之前才好吃，越青的吃起来越脆。"刁全令说。这种青色西红柿全部采用无公害种植，不催熟不点药，肥料也是正规的有机肥，吃起来口感好，尤其适合当水果生吃。

娄敬庵村是远近闻名的西红柿种植专业村，有 20 多年的西红柿种植历史。"一开始就几个村民种，一亩西红柿的效益能赶上十亩庄稼的效益，种的人慢慢就多了。"村支部书记祁林山告诉记者，从 2009 年开始，娄敬庵村大规模发展大棚西红柿种植，现已建成冬暖式大棚和拱棚 760 个，村里六成以上村民都种植西红柿。

"种植环节非常烦琐，柿子苗从小到大都要经过人工悉心照料，每道工序都马虎不得。"刁全令说，9 月开始育苗，10月底、11 月初进行移栽入棚，从吊绳、整枝、授粉、灌溉、采摘……每天都起早贪黑忙活，"种得早的正月里就开始上市，俺家近几天才开始摘果，可以持续采摘到 7 月。"据了解，刁全令今年种的 4 个冬暖大棚，每个大棚产量在 2 万斤左右，按照地头价每斤三四元钱的均价，除去薄膜、种子和灌溉等费用，每亩大棚至少收入 5 万元。"采摘的初期，每个大棚每天可以下果两三百斤，高峰时可以达到 1 300 多斤。"刁全令说。

2009 年娄敬庵村牵头成立青岛娄敬蔬菜种植专业合作社，为村里的西红柿注册了"娄敬"牌商标，注重品牌化发展和有机化种植，所生产的西红柿叩开了高端市场的大门，由原来单纯的地摊菜，进入了青岛市区的大超市。"现在每天有上万斤销往青岛，村民每年增收上千万元。"祁林山说。

在发货现场记者看到，每一箱西红柿上面都贴有一个二维码，用手机扫一扫，产品名称、产地、田间管理、施肥用药等内容，立马呈现在眼前。据介绍，合作社为娄敬庵西红柿建立了安全信息数据库，完善了西红柿从田间到餐桌的全程追溯管理。

（来源：青岛日报，2017-3-21）

六、市场拉动不足

"统购统销"两辆马车是合作社营利的来源，但关键是统销，目前是合作社有了规模，坐等客户上门，或者将产品卖给中间商，市场一有风吹草动，就束手无策。有时别说卖个好价钱了，就是自己的农产品能及时卖掉，社员就很知足。针对这种情况，合作社就要创新销售方法，走出去广交朋友、拓展市场、签订单、搞农超对接、外联市场，利用互联网渠道等，提高市场的拉动力来帮助社员卖得了、卖上好价钱。

七、闯市场的运行机制不健全

一方面，合作社没有把利益均享风险共担的机制落到实处。利益均享风险共担是确保合作社沿着正确方向发展的根本所在。但大部分合作社在运行过程中，偏离轨迹，一厢情愿，只是喜欢利益均享。甚至一搞合作社就土地流转一块干，"大一统"，把合作社做成"生产队"，忽略人的眼前利益、唯利是图等因素，没有把风险共担和责、权、利落实好，往往在市场风险和自然风险面前打败仗。

另一方面，社员见利忘义，随意违约，缺乏诚信。合作社组织大家闯市场就要帮助社员解决如何销、如何卖个好价钱的问题。往往合作社签订了生产合同或者有了生产订单，能确保社员基本收益。但随着市场波动，有些社员眼前利益为重，缺乏诚信意识，不遵守合同，把自己的农产品在合同外交易，获取利益，随意违约，使合作社的订单生产流于形式，自己搞投机取巧。

八、财政扶持资金会计处理随意性大，税收优惠政策执行不到位

目前，越来越多的合作社承担了国家财政扶持项目，各项农业补贴扶助资金也逐年向合作社等新型经营主体倾斜。一些合作社没能按照制度规定对财政扶持资金进行恰当的会计处理，使国家扶助资金形成的资产未能实时体现在"资产负债表"上，而成为"账外"游离资产，没有将国家补助项目形成的资产移交合作社管护和持有。

同时，也存在着国家给予合作社的税收优惠政策并没有真正落到实处的问题。究其原因：一是合作社财务人员对税收优惠政策和纳税申报程序不熟悉，且大部分合作社存在没有向税务机关办理免税申报和登记备案的概念。二是管理核算不到位。目前相当部分合作社会计账簿难以准确反映应税项目和免税项目、应税收入和免税收入。由于票据凭证不合规，也无法准确确认收入和费用的真实合法性。

一、合作社使用账簿、单据

合作社统一使用"农民专业合作社统一账簿"，严格执行《农民专业合作社财务会计制度》规定，根据实际需要设置账簿，一般设立总账、现金日记账、银行存款日记账、产品物资账、固定资产账、经营收支账、股金账、应收应付（成员往来）账及成员账户。

固定资产、产品物资类使用"数量金额式"账簿；收入支出类使用"多栏式"账簿；现金、银行存款类使用"日记账"；总账等其他类使用"三栏式"账簿。

合作社收支单据除外部取得外，日常收款使用"农民专业合作社收款收据"，支出使用"农民专业合作社付款票据"，购入产品物资使用"农民专业合作社产品物资入库单"，出售产品物资使用"农民专业合作社产品物资出库单"。

二、记账凭证编制

合作社每发生一项经济业务，都要取得原始凭证，并据以编制记账凭证，月末，将已经登记过账簿的原始凭证和记账凭证，分类装订成册，妥善保管。

三、合作社资金来源的账务处理

合作社的资金来源有：成员入社股金（包括货币资金和非货币资产）、国家财政直接补助、他人捐赠、借款、成员往来、合作社积累等。

（一）股金的核算

成员入社投入货币资金和非货币资产时，按实际收到的金额和投资各方确认的价值，借记"库存现金""银行存款""固定资产""产品物资""无形资产"等科目，按其合作社与成员确认的股金额，贷记"股金"科目，实际出资与确认的股金额之间的差额，贷记或借记"资本公积"科目。

【例1】合作社收到成员入社投入现金20万元，存款10万元，农业机械5台评估确认价为3万元，协议确认股金额32万元。会计分录为：

借：库存现金 200 000

　　银行存款 100 000

　　固定资产 30 000

贷：股金 320 000

　　资本公积 10 000

（二）财政直接补助资金的核算

合作社收到国家财政直接补助资金时，借记"库存现金"

"银行存款"等科目,贷记"专项应付款"科目。合作社按照国家财政补助资金的项目用途,取得固定资产、农业资产、无形资产等时,按实际支出,借记"固定资产""牲畜(禽)资产""林木资产""无形资产"等科目,贷记"库存现金""银行存款"等科目,同时借记"专项应付款"科目,贷记"专项基金"科目;用于开展信息、培训、农产品质量标准与认证、农业生产基础设施建设、市场营销和技术推广等项目支出时,借记"专项应付款"科目,贷记"库存现金""银行存款"等科目。

【例2】合作社收到国家财政直接补助资金10万元,其中,7万元用来购买办公场所,1万元购买桌,1万元用于农业技术推广,1万元用于成员培训。会计分录为:

①收到补助资金时:

借:银行存款 100 000

贷:专项应付款 100 000

②购买管理用固定资产时:

借:固定资产—办公室 70 000

　　　　　—桌椅 10 000

贷:银行存款 80 000

同时,转入"专项基金"科目

借:专项应付款 80 000

贷:专项基金 80 000

③用于农业技术推广和成员培训时:

借:专项应付款—技术推广 10 000

　　　　　—成员培训 10 000

贷:银行存款 20 000

(三)他人捐赠资金的核算

合作社实际收到他人捐赠的货币资金和非货币资产时,借记"库存现金""银行存款""固定资产""产品物资"等科目，贷记"专项基金"科目。

【例3】合作社收到某公司捐赠的拖拉机一台，所附发票售价为1.7万元，相关税费及运输费共计0.3万元。会计分录为：

借：固定资产—拖拉机20 000

贷：专项基金20 000

（四）借款的核算

合作社借款渠道有银行、信用社或其他金融机构，以及外部单位和个人，借款期限在一年以下（含一年）的，借记"库存现金、银行存款"科目，贷记"短期借款"科目；借款期限在一年以上的，借记"库存现金、银行存款"科目，贷记"长期借款"科目。

【例4】合作社从农村信用社贷款20 000元，期限6个月，直接转存合作社账户。会计分录为：

借：银行存款20 000

贷：短期借款20 000

【例5】合作社借甲公司30 000元，期限为2年，所得支票存入农村信用社。会计分录为：

借：银行存款—信用社30 000

贷：长期借款—甲公司30 000

（五）成员往来的核算

合作社与其成员发生应付款项和收回应收款项时，借记"库存现金""银行存款"等科目，贷记"成员往来"科目；偿还应付款项和发生应收款项时，借记"成员往来"科目，贷记"库存现金""银行存款"等科目。

【例6】合作社向甲成员借现金10 000元，作为流动资金，期限为6个月。会计分录为：

借：库存现金 10 000

贷：成员往来—甲成员 10 000

【例7】合作社将统一采购的化肥发放给乙成员 5 袋，计款 1 000 元，暂欠。会计分录为：

借：成员往来—乙成员 1 000

贷：产品物资 1 000

（六）合作社积累核算

合作社从当年实现的可分配盈余中，按章程规定的比例提取盈余公积时，借"盈余分配—各项分配"科目，贷"盈余公积"科目。

【例8】年终，合作社实现可分配盈余 100 000 元，按章程规定提取 10%的公积金。会计分录为：

借：盈余分配—各项分配 10 000

贷：盈余公积 10 000

四、合作社经营业务的账务处理

（一）合作社统一采购生产资料出售给成员，将成员生产的产品收购后对外销售时，账务处理如下

1. 合作社统一采购生产资料时，按其购入价与发生的相关费用，借记"产品物资"科目，贷记"库存现金""银行存款""应付款"等科目。合作社将产品物资分配或出售给成员时，借记"库存现金""银行存款""成员往来"（出售给非成员的借记："应收款"）等科目，贷记"经营收入"科目，同时，借记"经营支出"科目，贷记"产品物资"科目。

【例9】3 月，肉鸡养殖专业合作社以 2 500 元/吨的价格购入甲公司饲料 100 吨，以现金支付 5 万元，以银行存款支付 10 万元，余款暂欠，以现金支付运费及装卸费等费用 0.3 元；合作社以 3 000 元/吨的价格出售给成员，成员已交来现金 27 万元，丙成员欠 3 万元。会计分录为：

①购入饲料时.

借：产品物资——饲料 250 000

贷：库存现金 50 000

　　银行存款 100 000

应付款——甲公司 100 000

②支付运费、装卸费等费用时：

借：产品物资——饲料 3 000

贷：库存现金 3 000

③出售饲料时：

借：现金 270 000

　　成员往来——丙成员 30 000

贷：经营收入 300 000

同时，结转成本

借：经营支出 253 000

贷：产品物资——饲料 253 000

2. 合作社将成员生产的产品进行统一收购时，按其收购价和相关费用，借记"产品物资"科目，贷记"库存现金""银行存款""成员往来"等科目。合作社将产品对外销售时，借记"库存现金""银行存款""应收款"等科目，贷记"经营收入"科目，同时，借记"经营支出"科目，贷记"产品物资"科目。

【例10】3月，某肉鸡养殖专业合作社以 8 000元/吨的价格收购成员肉鸡50吨，用现金支付购鸡款40万元、支付运费及装卸费等费用0.2万元。合作社以1万元/吨的价格对外出售，并将销售款50万元存入银行。会计分录为：

①收购肉鸡时：

借：产品物资——肉鸡 400 000

贷：库存现金 400 000

②支付运费、装卸费等费用时：

借：产品物资—肉鸡2 000

贷：库存现金2 000

③对外出售时：

借：银行存款500 000

贷：经营收入500 000

同时，结转成本

借：经营支出402 000

贷：产品物资—肉鸡402 000

（二）合作社为成员代购生产资料，代销产品的模式经营，账务处理如下

1. 合作社按成员委托协议代购生产资料，收到受托代购商品款时，借记"库存现金""银行存款"科目，贷记"成员往来"科目。采购商品时，按采购商品的价款和实际发生的费用，借记"受托代购商品"科目，贷记"库存现金""银行存款""应付款"等科目。交付受托代购商品时，按代购商品的实际成本，借记"成员往来"科目，贷记"受托代购商品"科目；收取手续费的，借记"成员往来"或"库存现金""银行存款"等科目，贷记"经营收入"科目。收到手续费时，借记"库存现金""银行存款"等科目，贷记"成员往来"等科目。

【例11】5月，某肉鸡养殖专业合作社以2 500元/吨的价格，收取为成员代购饲料20吨的购料款，共计50 000元；合作社以2 400元/吨的价格购得饲料20吨，期间发生运费及装卸费等费用500元，饲料到达后交付成员；合作社收取1 000元代购费后，将余款500元退回成员。会计分录为：

①收到成员交来的代购款时：

借：库存现金50 000

贷：成员往来—各成员 50 000

②采购饲料时：

借：受托代购商品—饲料 48 500

贷：库存现金 48 500

③交付成员饲料时：

借：成员往来—各成员 48 500

贷：受托代购商品—饲料 48 500

④收取 1 000 元代购费时：

借：成员往来 1 000

贷：经营收入 1 000

⑤将余款 500 元退回成员时：

借：成员往来 500

贷：库存现金 500

2. 合作社为成员代销产品，收到委托代销商品时，按协议约定的价格，借记"受托代销产品"科目，贷记"成员往来"科目。售出受托代销商品时，按实际收到的价款，借记"库存现金""银行存款"等科目，按协议约定的价格，贷记"受托代销产品"科目，如果实际收到的价款大于协议约定的价格，按其差额，贷记"经营收入"科目；如果实际收到的价款小于协议约定的价格，按其差额，借记"经营支出"科目。给付成员代销商品款时，借记"成员往来"科目，贷记"库存现金""银行存款"科目。

【例12】6 月，肉鸡养殖专业合作社，收到成员委托代销肉鸡 10 000 千克，双方协议约定价格为 8 元/千克；合作社以8.5 元/千克的价格售出，取得现金 85 000 元，期间发生运输费、装卸费等费用 1 000 元，合作社支付成员代销肉鸡款80 000 元。会计分录为：

①收到成员交来的委托代销肉鸡时：

借：受托代销产品——肉鸡 80 000

　　贷：成员往来——各成员 80 000

②售出肉鸡时：

借：库存现金 85 000

　　贷：受托代销产品——肉鸡 80 000

　　　　经营收入 5 000

③支付成员代销肉鸡款时：

借：成员往来——各成员 80 000

　　贷：库存现金 80 000

④支付运输费、装卸费等费用时：

借：经营支出 1 000

　　贷：库存现金 1 000

（三）合作社将成员生产的初级产品进行深加工后对外销售，账务处理如下

合作社收购成员生产的初级产品时，按其收购价和相关费用，借记"产品物资"科目，贷记"库存现金""银行存款""成员往来"等科目。合作社对初级产品进行加工发生各项生产费用时，借记"生产成本"科目，贷记"库存现金""银行存款""产品物资""应付工资""成员往来""应付款"等科目。合作社将深加工完成的产品入库时，借记"产品物资"科目，贷记"生产成本"科目。合作社将深加工产品对外销售时，借记"库存现金""银行存款""应收款"等科目，贷记"经营收入"科目，同时，借记"经营支出"科目，贷记"产品物资"科目。

【例13】7月，某肉鸡养殖专业合作社以 8 000 元/吨的价格收购成员肉鸡 10 吨，用现金支付购鸡款 8 万元、支付运费及装卸费等费用 0.1 万元。合作社对肉鸡进行深加工，生产出鸡肉 5 吨、鸡架 2 吨入冷库储存，期间计提加工人员工资 0.8

万元，计提加工车间及设备等折旧费 0.1 万元，用现金支付水电等费用 0.2 万元。月底，鸡肉及鸡架全部售完，销售款 12 万元存入银行。会计分录为：

①收购肉鸡时：

借：产品物资—肉鸡 81 000

贷：库存现金 81 000

②对肉鸡进行深加工时：

借：生产成本 92 000

贷：产品物资—肉鸡 81 000

应付工资 8 000

累计折旧 1 000

库存现金 2 000

③鸡肉、鸡架验收入冷库时：

借：产品物资—鸡肉、鸡架 92 000

贷：生产成本 92 000

④对外出售时：

借：银行存款 120 000

贷：经营收入 120 000

同时，结转成本

借：经营支出 92 000

贷：产品物资—鸡肉、鸡架 92 000

五、合作社的其他经济业务的账务处理

1. 合作社为成员提供技术、信息服务等活动发生支出时，借记"经营支出"科目，贷记"库存现金""银行存款""产品物资""应付工资""成员往来""应付款"等科目。

【例 14】8 月，合作社用银行存款支付为成员提供技术指导的技术人员工资 3 万元。会计分录为：

借：经营支出 30 000

贷：银行存款 30 000

2. 合作社对外投资时，借记"对外投资"科目，贷记"库存现金""银行存款"等科目。合作社收回对外投资资金时，借记"库存现金""银行存款"等科目，贷记"对外投资"科目，实际取得的价款和原账面余额的差额，借记或贷记"投资收益"科目。

【例15】9月，合作社用5万元银行存款向某制药厂投资，到期后收回现金6万元。会计分录为：

①进行投资时：

借：对外投资 50 000

贷：银行存款 50 000

②收回投资时：

借：现金 60 000

贷：对外投资 50 000

投资收益 10 000

3. 合作社为组织和管理生产经营活动发生各项支出时，借记"管理费用"科目，贷记"应付工资""库存现金""银行存款"等科目。

【例16】12月，合作社用银行存款支付管理人员工资1.6万元，办公费1万元，差旅费0.4万元。会计分录为：

借：管理费用—人员工资 16 000

　　　　　—办公费 10 000

　　　　　—差旅费 4 000

贷：银行存款 30 000

4. 合作社计提固定资产折旧时，借记"生产成本""管理费用""其他支出"科目，贷记"累计折旧"科目。

【例17】12月，合作社计提固定资产折旧0.2万元，其中办公房屋、桌椅等固定资产折旧0.15万元，公益性固定资产

折旧 0.05 万元。会计分录为·

借：管理费用 1 500

其他支出 500

贷：累计折旧 2 000

5. 合作社出售、捐赠、报废和毁损固定资产时，借记"固定资产清理""累计折旧"科目，贷记"固定资产"。收回出售固定资产的价款、残料价值和变价收入时，借记"库存现金""银行存款""产品物资"等科目，贷记"固定资产清理"。支付清理费时，借记"固定资产清理"科目，贷记"库存现金""银行存款"等科目。清理完毕发生净收益时，借记"固定资产清理"科目，贷记"其他收入"；发生净损失时，借记"其他支出"科目，贷记"固定资产清理"科目。

【例 18】12 月，合作社将一台不使用的农业机械对外出售，其账面原值为 6 000 元，累计已提折旧 600 元，协议价 5 800 元，收取现金，支付农业机械运费及装卸费等清理费用 200 元。会计分录为：

①固定资产转入清理，注销原价及累计折旧时：

借：固定资产清理 5 400

累计折旧 600

贷：固定资产—农业机械 6 000

②收到农业机械销售款时：

借：库存现金 5 800

贷：固定资产清理 5 800

③支付清理费用时：

借：固定资产清理 200

贷：库存现金 200

④结转清理净收益时：

借：固定资产清理 200

贷：其他收入 200

6. 合作社清收债权时，借记"库存现金""银行存款"等科目，贷记"成员往来""应收款"等科目。合作社归还债务时，借记"成员往来""应付款"等科目，贷记"库存现金""银行存款"等科目。

【例19】合作社收回丙成员购买饲料欠款3万元。会计分录为：

借：库存现金 30 000

贷：成员往来——丙成员 30 000

【例20】合作社用现金付清购买甲公司饲料欠款10万元。会计分录为：

借：应付款——甲公司 100 000

贷：库存现金 100 000

【例21】合作社用银行存款支付加工人员工资0.8万元。会计分录为：

借：应付工资 8 000

贷：库存现金 8 000

六、月末账务结转处理

月末结转盈余时，将"经营收入""其他收入"科目的余额转入"本年盈余"科目的贷方，借记"经营收入""其他收入"科目，贷记"本年盈余"科目；同时将"经营支出""管理费用""其他支出"科目的余额转入"本年盈余"科目的借方，借记本科目，贷记"经营支出""管理费用""其他支出"科目。"投资收益"科目的净收益转入"本年盈余"科目的贷方，借记"投资收益"科目，贷记"本年盈余"科目；如为投资净损失，转入"本年盈余"科目的借方，借记"本年盈余"科目，贷记"投资收益"科目。

【例22】肉鸡养殖专业合作社对3月账务进行结转时，以

bar

例 14 为例。会计分录为：

借：本年盈余 30 000

　　贷：经营支出 30 000

【例 27】肉鸡养殖专业合作社对 9 月账务进行结转时，以例 15 为例。会计分录为：

借：投资收益 10 000

　　贷：本年盈余 10 000

【例 28】肉鸡养殖专业合作社对 12 月账务进行结转时，以例 16、例 17、例 18 为例。会计分录为：

①例 16 结转管理费用时：

借：本年盈余 30 000

　　贷：管理费用 30 000

②例 17 结转管理费用、其他支出时：

借：本年盈余 2 000

　　贷：管理费用 1 500

　　其他支出 500

③例 18 结转固定资产清理收入时：

借：其他收入 200

　　贷：本年盈余 200

七、年终盈余分配

年终，进行盈余分配时，首先，将本年实现的净盈余即本年盈余进行结转，借记"本年盈余"科目，贷记"盈余分配—未分配盈余"科目。其次，合作社用本年盈余弥补上年损失和提取盈余公积，合作社用本年盈余弥补上年损失时，借记"盈余分配—未分配盈余"科目，贷记"资本公积"科目；合作社提取盈余公积时，借记"盈余分配—各项分配"科目，贷记"盈余公积"科目；合作社用盈余公积转增股金或弥补亏损等时，借记"盈余公积"科目，贷记"股金""盈余分配—未分配盈余"等科目。最后，合作社对可分配盈余按照盈余分配方案进行分配，按交易量（额）向成员返还盈余时，借记"盈余分配—各项分配"科目，贷记"应付盈余返还"科目。按成员出资额和公积金份额等返还盈余时，借记"盈余分配—各项分配"科目，贷记"应付剩余盈余"科目。将各项分配进行结转时，借记"盈余分配—未分配盈余"科目，贷记"盈余分配—各项分配"科目。支付成员年终盈余返还和应分配的剩余盈余时，借记"应付盈余返还""应付剩余盈余"科目，贷记"库存现金""银行存款"等科目。

【例29】通过例22~例28可得，合作社本年度实现盈余146 200元（合作社本年盈余计算公式为：本年盈余＝经营收入＋投资收益＋其他收入－经营支出－管理费用－其他支出），根据合作社章程规定的盈余分配方案，按本年盈余的5%提取公积金，提取盈余公积后，当年可分配盈余的70%按成员与本社交易额比例返还给成员，其余部分根据成员账户记录的成员出资额和公积金份额等，按比例分配给全体成员。会计分录为：

①年终，结转本年盈余时：

借：本年盈余146 200

贷：盈余分配—未分配盈余146 200

②提取7 310元（146 200×5%）公积金时：

借：盈余分配—各项分配7 310

贷：盈余公积7 310

③用盈余公积转增股金时：

借：盈余公积7 310

贷：股金—各成员7 310

④按成员与本社交易额比例提取盈余返还时，分别计算出返还给每个成员的金额和合作社返还总额，本合作社返还总额

为 97 223 元 [（146 200-7 310）×70%]：

借：盈余分配—各项分配 97 223

贷：应付盈余返还—各成员 97 223

⑤按成员账户记录的成员出资额和公积金份额等提取应分配的剩余盈余 41 667 元 [（146 200-7 310）×30%]：

借：盈余分配—各项分配 41 667

贷：应付剩余盈余—各成员 41 667

⑥结转各项分配时：

借：盈余分配—未分配盈余 138 890

贷：盈余分配—各项分配 138 890

⑦用现金支付成员应付盈余返还 97 223 元和应付剩余盈余 41 667 元时：

借：应付盈余返还—各成员 97 223

  应付剩余盈余—各成员 41 667

贷：库存现金 138 890

八、会计报表（5 张）

合作社应按要求及时向乡镇经管站、县农业农村局报送有关报表。

（一）月报表

于每月的 5 日前，将上月的科目余额表、收支明细表上报。

（二）年报表

于每年的 1 月 15 日前，将上年的资产负债表、成员权益变动表、盈余及盈余分配表上报。

九、档案管理

（一）合作社的会计档案包括各类经济合同或协议，各项财务计划及收益分配方案，各种会计凭证、会计账簿和会计报表、会计人员交接清单、会计档案销毁清单等。

（二）合作社要按照《会计档案管理办法》的规定，加强对会计档案的管理。建立会计档案室（柜），实行统一管理，专人负责，做到完整无缺、存放有序、方便查找。

农民合作社扶持资金怎么记账？

答：合作社收到国家财政直接补助的货币资金时，借记"银行存款"，贷记"专项应付款"。使用时，如用于不形成资产的开支，例如，开展信息收集、成员培训、农产品质量标准与认证、市场营销和技术推广等支出，则直接冲减专项应付款，会计分录为借记"专项应付款"，贷记"银行存款""库存现金"等科目。如按规定用扶持补助资金购置固定资产、农业资产和无形资产等时，则在冲减专项应付款的同时，增加"专项基金"。会计分录为借记"专项应付款"，贷记"银行存款""库存现金"等科目，同时，借记"固定资产"等科目，贷记"专项基金"科目。

国家财政扶持补助资金，是针对合作社这个特定主体的，其扶持对象为全体成员，在个别成员退社及合作社破产、倒闭时，不能用于分配。

收到财政厅的补贴收入怎么做分录？

答：根据财政部、国家税务总局《关于财政性资金　行政事业性收费　政府性基金有关企业所得税政策问题的通知》文件。

1. 属于专款专用的财政性专项拨款，可以不计入当年收入总额的分录：

借方：银行存款

贷方：长期应付款—××专项拨款

2. 属于一般性的财政拨款或退返税性质的，无指定用途的，计入"补贴收入"。

第五章　农民专业合作社管理运营的基本法则

农民专业合作社自成立之初就焕发出无限的生命力，具有远大的发展前途，符合现代农业发展方向，有利于帮助农民解决一家一户小生产与大市场的矛盾，顺应和符合农村现实发展的需要和农业发展的内在规律。现在，我们剖析一下农民专业合作社运营的基本规律和法则。

第一节　市场法则

农民专业合作社是组织农民抱团闯市场的经济组织，应该按照市场经济法则运营。例如，联合购进统一销售法则。

联合购买商品，可以降低价格、保证质量。合作社应该积极进行联合购买，特别是规模较大的合作社，更应该联合购买。大规模的种植类和畜禽饲养合作社，应该与大的肥料厂、农药厂、兽药饲料厂、薄膜企业、种子公司等建立稳定、长期的供销关系。大批量、长时期的稳定供应和销售，有利于合作社、有利于生产资料的生产厂家、有利于社员。

统一集中销售。合作社统一生产的产品，或者社员家庭生产的产品，合作社都应该实行统一销售。统一集中销售可以提高价格，可以保证质量，可以降低销售费用。合作社销售农产品应该积极与加工企业、超市，以及大的消费单位联系，建立稳定的销售渠道。同时，合作社要树立品牌意识，拓宽营销渠道。例如，山东省济南市的各大超市都经销"乐义"牌蔬菜，证明乐义蔬菜合作社发挥品牌效应，在农超对接上走上了成功之路。

"平安峪"小米的供给侧改革实验

三年前，临朐县的"平安峪"小米走不出大山，少人问津。

如今，农户成立合作社"抱团"闯市场，走起"私人定制"的路子，打响了"平安峪"小米品牌，农户的钱包日渐鼓起来。

进入3月，在临朐县冶源镇平安峪村山顶上，汩汩清泉正从蓄满水的蓄水池出水口处喷涌而出，顺着山势而下，为这里正开动马力的春耕注入一股源头活水。站在山顶，顺着村党支部书记王洪东的手望去，山坡上散落着大小不等的地块，满载着村民致富的希望。"去年这片地产了40万斤小米，一粒不剩全卖完了。"王洪东告诉记者，因为市场认可度高，村民不再像前些年担心小米卖不掉，而且价格比市场价贵，客户还得上门来拉，供不应求。

几年前，这里却是另一番景象。平安峪有种植小米的传统，多的七八亩，少的一二亩，零零散散，小米品种也杂乱不一，丰产不丰收，差的年份甚至收不回种地成本。为了生计，村民们宁愿出去打工，也不愿再种小米，导致村里一度出现三分之一的闲地。

不过，土地长久荒着也不是个办法。"对村民来说，挣钱才是硬道理。只要种米有钱赚，不用动员，村民肯定抢着上。"王洪东表示。村里请专家来测土壤，根据当地土壤成分，选取适合本地种植的小米品种，推广有机种植，种植的所有谷子全程"喝"山泉水、"吃"有机肥，打造出自己的品牌——月子米。

"以前都是村民自己散着卖，哪有议价权，全凭粮贩子一口价，说多少是多少，只有'抱团'才能赢得更大的发展前景。"在驻平安峪村第一书记高鑫的出谋划策下，平安峪村通过"党支部+合作社+贫困户"扶贫模式，以村干部集资、群众以地入股、上级补贴资金等方式，由王洪东牵头成立了临朐县山谷杂粮种植专业合作社，让村民"抱团取暖"，并以合作社为平台，统一种苗、统一农资、统一技术规程、统一品牌、统一销售，靠着有机种植和品牌推广，"平安峪"小米虽然价格比普通小米高出 3 倍以上，但还没等上市就被预订一半以上，抢占了中高端消费市场。

除面向市场统一包装销售之外，王洪东还搞起了"私人定制"。他们在田间地头安装上了监控设备，并在手机微信上开发土地认养系统，让城里人认养小米地块当"地主"，通过手机就能实时监控"自己的土地"。当谷子成熟后，电商中心直接将产品通过物流传递到客户手中。另外，合作社又专门做了一片"月子米基地"，用最传统的耕种方式将最生态的产品带给客户。

"我们实行产品检验检测制度、质量安全控制体系等，实现了'从田间到餐桌'全程无污染控制。"王洪东说。如今，合作社又瞄准发展小米深加工项目，拉长产业链条，就地解决农村剩余劳动力，让乡亲们在家门口也能挣大钱。

在"平安峪"小米的引领下，临朐县谋定而后动，围绕争创"国家农产品质量安全县"，将增加绿色优质农产品供给放在突出位置，实施农业品牌引领工程，走差异化、品质化新路，让种粮重新成为有奔头的产业，推动临朐农业向优质高端迈进。

（来源：大众日报，2017-3-13）

第二节　责任法则

既然合作社是大伙的事，大家的事情大家办，合作社是平台也是载体，就要承担带领大伙儿共同致富的责任。主要体现在统一模式上。例如，"六统一"模式，即统一购买农资、统一种植标准、统一技术培训、统一产品销售、统一品牌运营、统一提成返利，各地根据实际情况略有调整。这些统一模式，就能解决一家一户办不了办不好的事情。只要大家明确责任，按照统一标准要求组织好生产，产得好，再卖得好，就真正实现共同致富。

合作社"六统一"经营模式　促进玉溪蔬菜产业发展

通海县广源冷库前的平地上，吕江河正与工人们将一箱箱刚从地里收来的新鲜蔬菜分拣后装车。不用多长时间，这些蔬菜将出现在省外的市场上。

自 2012 年通海奥农农产品专业合作社成立以来，理事长吕江河已经租下 3 个冷库用来堆放合作社待销的农产品。"成立之初我们 6 个会员凑了 13 万作为合作社启动资金，经过 3 年的发展，如今合作社入股资金已经超 500 万元。"吕江河说，合作社社员从起初的 6 人已经发展到现在的 375 人，合作社的服务内容也更加丰富，如为社员提供资金互助，农资赊销，农产品收购、加工、包装、销售等。

"了解到我们山区农民购买农资困难的实际情况，合作社在年初把农资统一赊给我们，我们年末拿到售卖蔬菜的收入后再还给合作社。"合作社老社员管家喜说，合作社一系列的服务，解决了农民发展蔬菜产业常常面临的资金、技术等问题。

合作社统一培训、统一收购、统一加工、统一包装、统一品牌、统一销售的"六统一"经营模式，更是让蔬菜产业发展高效化、品牌化。2015年，合作社销售蔬菜超4 000吨，远销全国各大城市，当年还被评为玉溪市级示范合作社。

（来源：云南日报，2018-4-7）

第三节　利益法则

社员参加合作社最先考虑、最想追求的是个人既得利益。从这个角度必须把利益法则建立在"风险共担"基础上。

推行按交易量（额）返利原则，在日常的生产上，要注重发挥社员自己的能动性，在"统一模式"管理下，社员自我进行管理和约束，合作社监督执行。自己的地自己种、自己的猪自己养、自己的农机自己管，合作社不能越俎代庖，更不能干成"生产队"。落脚点在于每个社员身上都分担着生产经营风险，合作社是资源共享、优势互补，帮助社员提高和增强抗风险能力。

第四节　公益法则

农民专业合作社可以按照章程规定或者成员代表大会决议，从当年盈余中提取一定比例的公积金。公积金可以用于弥补亏损，可以扩大生产经营或者转为成员出资。合作社对公积金具有使用权，所有权属于农民专业合作社社员。对于个体社员来说，公积金还可以解贫济困，创办公益事业，帮助社员脱贫致富，彰显合作社作为一个经济互助组织团结向上的形象。

第六章　加强农民专业合作社管理的措施

一提到合作社的管理，都可能认为这不是一件轻而易举的事情，因为它涉及方方面面的情况和现实问题，不好把握。但是，任何事情都有自身运行的规律性，把握其规律，循序渐进，就能找出最适合解决问题的办法。

第一节　靠制度管人

合作社成员都是街坊邻居、乡里乡亲，管理起来相对较为困难。这要求合作社社长必须把制度摆在前头，靠制度管人，对事不对人。对违反合作社制度，我行我素者，不能客气。大家的事情大家办、大家管。例如，个别社员不按合作社规定，随意乱施化肥、高毒农药，影响产品质量或造成损失的，合作社应毫不客气的按照相关制度，追究其责任，拒收其产品，或追加罚款等措施制裁。

第二节　靠管理处事

合作社无论规模大小都是"五脏俱全"，从成立那天起，就应建立健全社员代表大会、董事会、监事会、会计和出纳等机构，这是强化管理的根本所在。分工明确、职责分明，加强管理就有了方向。合作社的根本宗旨是为社员搞好服务。针对合作社大事小情，按照分工抓好各自工作外，要针对社员素质、素养的差异，要进行差别化的管理服务。引入正确的管理理念，即民建、民管、民用、民受益，有福同享、有难同当，把合作社建成农民增收致富的主心骨，共同闯市场的主渠道。通过细化管理方式，分事分人分情，减少内耗，提高服务水平，确保合作社带领大伙共同闯市场的正确方向。

第三节　靠分红兴社

合作社的生命力在于带领大家共同致富，吸引力是不仅能帮社员把农产品卖出去、卖个好价钱，而且还能年底分红。因此，通过合作社抱团闯市场能力的提高，产供销一体化经营，在执行好统购统销的基础上，将合作社的盈余及时按社员的交易量分红成为合作社兴旺发达的关键。在本社社员看来这是二次收入，在没入社的社员来说是催其加快入社的助力器。

甘肃一村庄堆百万"钱山"分红80余苗木产业农户

27日，甘肃临洮县机场村广场，围满了前来排队领钱的村民，村支书、社长边国胜向村里的80余户农民现场发放种植树苗分红现金560万元，最多的农户领到10万元分红。

在此之前，已有部分农户领取分红，此次分红共计1 000多万元。

甘肃临洮县素有"貂蝉故里""中国花木之乡"之称。2000年，响应国家退耕还林的政策，边国胜在农行贷款30万元尝试种植苗木，建立苗木合作社。

2012年边国胜成为机场村村支书，他带领村里人谋求致富路径，和村里的村民合伙种植苗木，效益实施五五分成，早先行动的部分村民由原来的种菜种庄稼改为种树苗，年收益大幅提高，有的年收益超过 10 万元。

边国胜介绍，机场村人多地少，农民多年来以种菜为主，耗费劳力，收入甚微。"在种树之前我们做了调研，条件最好的村民家里存款也不超过 10 万元。"

3 年前，边国胜探索采取"农户出地、出人，合作社提供树苗、保证销售"的"零风险"模式，吸引农户参与苗木产业。合作社为每户农户免费提供 40 万株云杉苗木，农户负责田间管理，3 年后，农户将苗木全部交给合作社，考虑苗木的成活率，上交苗木不得少于 38 万株，则按照合同协议，每户分红 30 万元。这 3 年期间，每月还为每户农户发放 1 000 元管护费。

边国胜介绍，由于水利设施出现问题，项目延迟一年，原本给村民分红 30 万元，此次，每户先分红 10 万元（另有 5 万元将于近期补发），剩下的 15 万元分红明年全部发放。

临洮县机场村村民张新海领到了 10 万块钱，打算明年继续扩大树苗种植规模。"我们只操心地里的树苗，有合作社资源共享、优势互补，抱团闯市场，没有成本，也不用担心销路，这个钱挣得放心，挣得轻松。"

（来源：节选中国新闻网，2016-8-28）

第四节 靠文化聚心

"一年企业靠感情、三年企业靠管理、五年企业靠制度、十年企业靠文化"。合作社作为一个自愿联合、民主管理的互助性经济组织，要想发展壮大、多大做强，如果没有自己的文化内涵，结果可想而知。

因此，合作社围绕自己的核心利益，一要经常性地开展技术培训，提高社员的生产经营能力；二要教育引导社员树立诚信意识，自觉履行合同，注重农产品质量安全；三要打响自己的品牌，视品牌为生命力；四要培养适合自己合作社的合作社精神，利益均享风险共担，入社自愿退社自由，有困难就找合作社，合作社就是自己的家等。有文化魂，精神在，"人心齐泰山移"，合作社就能立于不败之地。

永嘉青年成立农业专业合作社　解决农户大难题

这几天，永嘉县佳行农业专业合作社的负责人李加行有点忙。他告诉记者，自己正琢磨如何提高农产品质量，"原先我们的枇杷和杨梅都是按斤来卖，今后想通过提高产品质量，挑选部分做成礼盒装，从而走上高端精品路线。"

除了帮助农户种植，永嘉县佳行农业专业合作社的功能还远远不止这些。据了解，该合作社成立于 2007 年 9 月，是国家级示范合作社，社员达 1 281 户，下属机构有：永嘉县佳行农业专业合作社资金互助会、永嘉县佳行农业专业合作社农资农产品分社，产业包括种植业、养殖业、水产业、农产品销售业、农家乐、资金互助等。

该合作社负责人李加行介绍说，永嘉县佳行农业专业合作社从生产到销售、到生产过程中碰到的农资问题，均可以对农户进行全方位的帮扶。

据了解，2014 年合作社生产总值达 7 000 多万元，利润达 1 600 多万元，社员户均增收达 1 万元以上，社员分布全县各个乡镇。目前，还有不少社员在福建、山东、新疆、宁夏等地设立了种植、养殖基地，注册的商标有"佳行""上吴""楠瓯""楠溪""六龙""上官六龙"。

在合作社服务农户期间，让李加行感到特别欣慰的是，解决了 30 多位残疾人农户的贷款问题。"很多残疾农户在开始阶段都会遇到融资问题，为此合作社针对低收入、残疾人农户实行贴息贷款，为残疾农户争取了更低的贷款，彻底缓解了这部分农户的资金压力。"

据介绍，永嘉县佳行兔业专业合作社资金互助会，开业半年来，已入会会员1 280多户，入会股金300万元，互助会存款150多万元，已发放互助金贷款160余户。

至于农产品的销售方面，李加行说，目前网上的电子商务已正式开通，接下来会在当地开设一家集农产品、农资供销超市，实现供销合作的目标。

李加行希望，通过为农户提供从生产到供销到信用的全方位解决方案，有效解决农户在发展中遇到的阻碍，真正做到做强做大。

（来源：温州网，2015-9-7）

第五节　靠规范理财激活动力

农民合作社规范与否，其重要标志是合作社经营期间之财产关系和分配关系是否明确并处理得当，对成员服务之责任是否切实尽到并真正落实。这就要求合作社在日常生产经营中，注意做好会计基础工作，组织好各项资金运营，处理好各种财产利益关系，以激活合作社内生动力。

一、强化财务基础工作，提高管理水平

做好财务管理工作，是维护合作社成员利益、规范合作社发展的内在要求。一是强化财会制度落实。在完善制度建设、账簿设置、岗位职责设定基础上，进一步规范账务处理流程，提升财务人员专业素养和履职能力。二是提高会计电算化水平。各地应根据核算需要，组织开发适宜于本地合作社运营的

财务软件，强化会计核算职能。三是加大财务人员培训力度。增强培训针对性，确保培训系统化常态化。引导财务人员掌握税务申报、纳税筹划、会计电算化、财务报表分析以及信用合作核算等相关知识。

二、完善充实"成员账户"，搞好盈余分配

"成员账户"是合作社经营管理之"内核"，是编制成员权益变动表的依据，也是农民分享合作社盈余的重要基础。"成员账户"活跃度如何，是否详尽准确记载，一定程度上折射出合作社内在活力度，这是衡量合作社规范发展的重要标尺。一要让合作社成员明白做实"成员账户"是其获得盈余分配的重要保证。只有成员知晓该账户的重要性，明白自己对合作社贡献量多少，才能增强自身权益保护意识，真正赋予"成员账户"实质性内涵。二要提高理事长等核心成员对"成员账户"重要性认知度。只有重视对"成员账户"的合理运用，才能保证合作社有长久的生命力。同时，要积极探索合作社盈余分配方式，建立合作社理事长等领办人合理利益激励机制，鼓励他们在积极奉献的同时，确保其付出能够获得应有回报，在兼顾效率和公平原则下，让分配环节充分体现劳动与土地、资本等生产要素的紧密结合，使得合作社及其成员多方共赢，真正受益有获得感。

三、用好管好扶助资金，规范会计核算

要以健全财务会计制度为抓手，不断完善管护机制，强化核算管理，如实记录每一笔财政补助资金运行轨迹，严防国家扶助资金跑冒滴漏，确保财政补助资金精准有效扶持，做到可控可管可究，实现民办民管民受益。同时，要明确合作社破产清算的相关内容，特别是合作社破产清算时国家财政补助资金

形成资产的处置办法，消除成员投资兴建农业基础设施的后顾之忧。

四、推行社务公开，完善民主管理

一是建立合作社社务公开机制。理事会应当依法编制年度财务报告、盈余分配方案、亏损处理预案及后续发展规划，及时予以公开，供成员查阅。同时合作社的重大支出、投资及接受国家财政补助和他人捐赠等事项应当按要求进行公开，确保成员知情权。二是完善合作社组织架构。要指导合作社特别是示范社，充分发挥监事会、成员（代表）大会的作用，通过民主协商，反映成员诉求，为其广泛参与社里民主管理提供保障，确保成员话语权。

五、加强审计监督，实施责任追究

各地农经部门要结合合作社示范社创建，实施动态监测，明确工作重点，完善措施手段，加大对合作社审计监督力度，特别要对财政扶持项目资金进行重点跟踪审计，及时将审计结果向本社成员和相关部门公示，并作为今后合作社能否纳入财政扶持对象的重要指标进行考量。要研究制定违反财经纪律责任追究制度，特别是对私分乱用财政扶助资金、侵占挪用合作社资产等行为予以严肃查处。

第七章　农民专业合作社提档升级的路径

目前，作为新型的经营主体，农民专业合作社发展驶入快车道。特别是新的登记制度改革，更为农民专业合作社大开方便之门，使农民专业合作社的规模数量迅速膨胀，成为新型职业农民发展现代农业的生力军。当务之急，是正确引导合作社在正确发展的轨道上，尽快实现提档升级，辐射带动能力越来越强。

第一节　农民专业合作社的发展趋势

随着职业农民队伍的不断壮大，返乡创业者和工商业资本都在向农业进军，带动了合作社这种新型经营主体向专业化发向发展的大趋势越来越明显，形成了各具特色的合作社发展类型。

一、围绕当地优势产业发展合作社

成立农民专业合作社，要立足当地农业产业优势确定合作社类型，在发展主导产业方面，提倡一村一品、一乡一业，形成专业村、专业乡镇。如蔬菜专业村、水果专业村、养猪专业村、奶牛专业村、条编专业村、加工专业村等。在专业村、专业乡镇发展合作社，可以更好地组织农民，促进优势产业的发展。

梁山食用菌种植合作社领跑农民致富路

近年来，山东省梁山县小路口镇农民在农商银行的资金扶持下，大力发展食用菌种植并成立了合作社，走出了一条发展食用菌特色产业的成功之路，成为农民致富奔小康的特色产业和支柱产业。

梁山县小路口镇地处黄河滩区，分散种植食用菌的传统已有二十多年，以往农户采取粗放式种植，技术规模难以保障，常常是赚一年赔一年，农民种植的积极性大大下降。为使农民增产增收，大力发展食用菌支柱产业，县农商银行给予资金扶持。同时对农户新建的每个食用菌大棚，镇政府协调提供5 000元的贴息贷款，对一时无力投入生产的香菇种植户，镇政府将连续三年给每户协调3万元农商银行的小额贷款，并在土地使用上给予政策扶持。同时，该镇成立了食用菌合作社，为农户解决产前、产中、产后的各项服务，不断延长产业链条，形成了"合作社+公司+基地+农户"的食用菌生产模式，集中精力做大做强食用菌产业。截至目前，全镇共发展6个食用菌生产基地，食用菌栽培面积达到75万平方米，年生产鲜菇1 200万千克，总产值9 600万元，农民人均增加收入200余元，食用菌成为农民增收的朝阳产业。

（来源：新晨报，2019-5-15）

二、围绕农产品加工龙头企业发展合作社

农业龙头企业的发展离不开合作社为其提供农产品原料服务，为了给粮油、蔬菜、果品、畜产品、水产品加工等龙头企业配套，解决企业的原料问题，可以组建一大批小麦、玉米、花生、蔬菜、果品、畜禽、鱼虾贝等种植、养殖合作社。

三、围绕有市场潜力的农产品发展合作社

在小麦、玉米、花生、蔬菜、水果、药材、花卉、苗木等种植业方面，在生猪、肉鸡、蛋鸡、奶牛、肉牛、羊等畜禽产品饲养方面，在鱼、虾、贝、海参、鲍鱼等海、淡水养殖方面，都有很多具有市场潜力的产品。通过组建合作社，可以加快对这些产品的开发，比较快的形成市场优势、形成当地产业优势。

宁阳乡饮：村村都有合作社

"我们柳云西瓜合作社的'西云岗'牌西瓜今年供不应求，社员每亩净收入超 1.5 万，达到历史最高点……" 1 月 17 日，记者走进位于山东省宁阳县乡饮乡的粮食和饲料合作社培训中心时，这里正在进行一年一度的全乡合作社发展经验交流会，来自全乡的 60 多家合作社理事长将不大的会场挤得水泄不通。

大棚西瓜是柳云村的特色产业，但质高价不高一直困扰瓜农。2005 年 3 月，村里成立柳云西瓜合作社，并申请注册了商标，通过了无公害认证。合作社实行统一选购良种、统一育苗供苗、统一物料选购、统一产品标示、统一包装销售，西瓜远销北京、天津、南京、广州等大城市。2012 年，村里仅西瓜一项就收入 200 多万元。农民合作社的成功让合作社理事长徐儒高发起言来底气十足。

台上介绍的掩不住的兴奋，台下等待的一副跃跃欲试的样子。"从 2004 年成立第一家粮食和饲料合作社，到现在全乡发展到 66 家，我们提前做到了村村都有合作社，户户抱团闯市场。"边听边做笔记的乡饮乡人大副主任朱中营趁着休息间隙向记者介绍。

"50元的投入已经带来了四五千元的收入。"谈到合作社带来的好处,列席会议的社员刘兴河扬了扬手中的社员证。作为乡饮乡粮食和饲料合作社的第一批社员,他掰着手指算了一笔账:"以前种粮折腾一年也落不下多少。2004年交了50块钱加入合作社后,种植合作社的'乡风'牌小麦,亩产量提高300斤不说,还和乡里的面粉厂订了'娃娃亲',以高于市场价5%的价格收购小麦,省心又实惠。秸秆卖给合作社的草业公司,一亩又多收了30多块,这买卖,划算!"

正是看到了合作社在带领群众抱团致富方面的巨大潜力,近年来,乡饮乡又先后成立了淀粉制品、柳云西瓜、桑蚕生产、畜牧养殖、林木经济等66个合作社和协会,涉及生产、消费、信用、公益事业等各个领域。截至目前,全乡入会农户6 000多户,共有社员30 000余人。先后申请注册商标4个、无公害农产品认证4个,绿色产品认证2个。

借助遍布全乡的合作社网络,乡饮乡大力推广"公司+合作社+基地+农户""合作社+基地+农户"等模式。汉马村养殖大户李现武创办的富康畜禽养殖专业合作社与泰安六和经纬农牧有限公司建立了长期合作关系,通过统一购苗、统一供料、统一防疫、统一技术指导、统一销售、集中垫付生产资金等一条龙服务,带动150户社员发展养殖业,既增加了社员的收入,也为合作社创造了良好的效益。

"党的十八大提出让农民专业合作社发展得更好更快,惠及更多农民,给我们吃了一颗定心丸。"党的好政策让初步尝到甜头的李现武倍感振奋:"下一步,我准备将这种模式推向附近的村庄,带领更多的群众以'合'增收!"

(来源:大众报业,2013-3-11)

四、围绕粮食生产发展合作社

但就粮食产业来说,在我国粮食生产是农业最基本的产业，粮食安全问题一直是党和国家十分关注的重要问题，必须把粮食生产放在非常重要的位置。发展粮食合作社，通过组织化程度的提高，可以稳定地提高粮食生产总产量，粮食合作社可以享受国家的种粮补贴，可以享受国家对合作社的各种扶持政策，会很大程度上增加农民在种粮方面的收入。不能因为目前玉米价格的暂时下跌而影响发展粮食合作社的积极性。

五、围绕乡村旅游发展合作社

目前，在农村发展乡村旅游已成为最受推崇的一个农业新业态，它具有不愁销、收入高、人气旺、已成型的优点，但一家一户搞规模小，满足不了游客需求，留不住客人。如果组建合作社，实现资源共享、优势互补，以规模优势弥补淡旺季、产品单一、服务功能不全的不足，社员可以从各自一亩三分地里获取更多收益。

六、围绕一二三产业融合发展合作社

发展"六产业"，实现农业一二三产业融合，打造特色农业，是农民专业合作社追逐的新产业。围绕当地丰富的特色优质农产品搞深加工，一产兴，必然二产忙，随着产业链条的延伸，就会带动三产服务业的兴旺。当然，规模小了做不来，只有大家联合起来组建合作社，推行"合作社+农户"模式，聚财、聚人、聚资源、聚市场、聚服务，农户才能各自在产业链上获得丰厚的回报。

天堂镇特色农业是天堂镇一张独特的魅力"名片"

近年来，天堂镇特色农业发展迅猛，农业产业化、现代化水平显著提高。通过进一步优化产业结构，转变农业增长方式，以"公司+基地+农户"的模式为依托，天堂镇加强农业龙头企业的扶持和培育，加快蔬菜流通、农业机械化等各种类型专业合作社的建设，积极引导农户大力发展特色农业，走出一条产业化、规模化、集约化生产道路，特色农业呈现连年增长的发展态势。

历经多年发展，特色农业产业规模不断扩大，天堂镇逐步建成特色农业发展新体系。全镇种植蔬菜面积5.6万亩（含复种），总产量25.8万吨，产值2.72亿元，比2011年增长了23.6%；种植花卉5 000亩，产值1.4亿元，比2011年增长了78.5%；种植南药面积达3 350多亩，产值0.8亿元，比2011年增长了627.3%。特色产业产值占工农业总产值的30%，进一步充实了特色农业的发展基础。

厚植基础，产业集聚效应明显增强，天堂镇特色农业上下游产业链逐步完善，生产经营主体日益焕发活力。在镇委镇政府悉心培育和精心打造下，通过加大农业生产经营主体培育力度，积极推广"合作社+农户"的发展模式，形成了特色农业龙头企业、农民专业合作经济组织和专业大户等现代农业经营主体共同带动特色农业产业发展的新格局，促进了农业发展方式的转变，提高了农产品附加值，促进农业增效、农民增收。

目前，天堂镇特色农业龙头企业规模不断扩大，建成了"鸿丽蔬菜公司""微丰农业科技有限公司"等一批重点龙头企业和天绿、五谷丰等多个大型专业合作社，天绿合作社带动1 218户社员一举成为全省最大的合作社。形成了如"天堂菜地""美薇紫米"等一批具有农产品商标品牌，"天堂梅菜""天堂花生油"等享誉县内外，农副产品畅销珠三角，进一步擦亮了天堂镇特色农业品牌。截至目前，全镇共有各类农民专业合作社52个，比2011年增长16倍，有效带动农户提高农业科学种养技能，促进农民增收致富。农村人均纯收入由

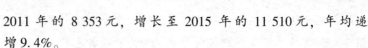
2011 年的 8 353 元，增长至 2015 年的 11 510 元，年均递增 9.4%。

（来源：节选南方日报，2016-9-22）

第二节　积极创办示范性合作社

2018 年 7 月 1 日，新修订的《农民专业合作社法》的正式颁布实施，不仅在原有基础上，把党的政策上升为法律，并在政策支持上不断加大力度，扶优扶强，示范带动，这为农民专业合作社的发展进一步创造了良好的制度环境，标志着农民专业合作社进入了依法发展的新阶段。

实践证明，农民专业合作社在提高农民组织化程度、推动农业结构调整、促进农业产业化经营、帮助农民持续增收等方面起到重要作用，是我国在农村家庭承包责任制基本制度下推进农业发展的重要组织形式。但也不可否认，随着市场经济竞争日益加大，农产品准入标准越来越高，合作社内部管理趋向规范，合作社社员素质不断提升。农民专业合作社如何突破现有的发展模式，再次实现现代农业经济发展新的"拐点"，政府和职能部门的指导和引导，政策的强力支持就显得尤为重要。所以，开展示范性合作社创建活动刻不容缓。

第三节　创建示范性合作社的意义

开展示范性合作社创建的评比认定工作，是各级政府促进农民专业合作社发展的一个平台，一种手段，更是赋予真正能带动农民增收致富、有发展潜力的合作社的一种肯定和荣誉，是助推现代农业发展的软实力，具有重要的现实意义。

一、通过开展示范社的创建活动，政府各职能部门联合发力，助推合作社做大做强

政府各职能部门作为创建示范社的成员单位，围绕创建工作，整合各自扶持政策，扶优扶强，使一批基础好的合作社率先发力，成为合作社中的佼佼者，带着农民干，其示范带动作用更加明显。

二、通过开展示范社的创建活动，明确努力方向，为各职能部门搞服务提供有效载体

围绕创建工作，政府相关职能部门会着手研究农民专业合作社建立和运行中的普遍性问题，支持合作社开展信息、培训、农产品质量认证、农业生产基础设施建设、市场营销和技术服务等项服务工作，促进合作社积极、稳妥、有序、健康发展。

三、通过开展示范社的创建活动，界定标准界限，帮助合作社提档升级

从国家、省、市下发的开展农民专业合作社示范社创建标准看，都为今后合作社发展指明了方向，设定了目标。合作社通过创建过程，就会树立起"创新创业意识""品牌创建意识""订单发展意识"和"规范发展意识"，真正把合作社发展成为带领职业农民增收致富的"桥头堡""主阵地"。

常山县八家农民专业合作社入选国家级示范社

农业部等 12 部委联合印发了《关于发布首批农民专业合作社示范社名录的通知》，公布了种植、畜牧、渔业、农机、手工业、林业及其他等七类 6 663 家全国首批农民专业合作社示范社。浙江省有 634 家合作社入选该名录，其中常山县金色田野小西瓜合作社、常山县大宝山柑橘专业合作社、常山县双溪口粮食专业合作社、常山县仙丽胡柚专业合作社、常山县连福胡柚专业合作社、常山绿玲珑茶业专业合作社、常山县芙蓉旺水果专业合作社、常山县兴农畜禽养殖专业合作社等八家合作社入选国家级示范性合作社名录，这是常山县农民专业合作社获得的最高荣誉。

常山县入选的合作社涉及小西瓜、胡柚、柑橘、粮食、茶叶、葡萄及鸡、鸭、鱼等种养，土地流转面积共 1.86 万亩，是常山县具有一定经营规模和效益的新型农业经营主体，为常山县现代农业发展和转型升级起到了示范带动和引领作用。

（来源：浙江在线，2015-9-4）

第四节　创建示范性合作社的标准

从国家到省、市、县（区）都围绕示范性合作社创建活动，制定了相应的标准，虽然标准有所区别，但目标却是一致的，就是引导合作社向规范方向发展。

第五节　申报示范性合作社的程序

一、申报程序

第一步　农民合作社向所在地的县级农业农村主管部门及其他业务主管部门提出书面申请。

第二步　县级农业农村主管部门会同水利、林草、供销社等部门和单位，对申报材料进行真实性审查，征求发改、财政、税务、市场监管、银行保险监管、地方金融监管等部门意见，经地（市）级农业农村主管部门会同其他相关部门和单位复核，向省级农业农村主管部门推荐。

第三步 省级农业农村主管部门分别征求发改、财政、水利、税务、市场监管、银行保险监管、地方金融监管、林草、供销社等部门和单位意见，并进行公示。经公示无异议的，根据国家示范社分配名额，以省级农业农村主管部门文件向全国联席会议办公室等额推荐，并附审核意见和相关材料。

二、职业农民要做的工作

一要打铁需要自身硬，积极创造条件，完善制度，扩大规模，严控农产品质量，提高效益，把自己的合作社按照创建标准尽快达标。

二要积极到当地农业主管部门，特别是从乡镇级开始就多汇报、多沟通，争取指导、支持和帮助。

三要精心准备申报材料。

四要学会网上申报。目前申报方式大多采用网上申报方式，这对合作社来说也是个急需解决的问题。因为，合作社自身实际情况，缺编制申报材料的人才，而申报的条件要求又相当详细，这对合作社负责人来说不会操作电脑，好比是"赶着鸭子上架"。这就要强化学习培训，掌握电脑操作的基本知识和技能，进行知识和基础材料的积累，同时要多向农业部门领导求教，得到他们的指导帮助，必要时也可请专业机构代为完成。总之不能因为上报材料的编制短板，网上申报无从下手，影响了合作社升级的步伐。

第六节 示范性合作社的支持政策

从国家到地方各级政府，每年都在逐渐加大对示范社的政策扶持力度，通过扶优扶强，使其示范带动作用越来越显著。从目前看，对各级示范社的支持政策表现如下。

国家及省、市、县（区）涉农项目、人才培养、信贷资金、土地使用、用水用电等优先支持国家、省、市、县级示范社。

各级财政对每年评定的国家、省、市、县级示范社拿出专项资金、项目，优先予以扶持，切实发挥各级示范社的辐射带动作用。

有条件的地区已经开始与金融部门合作，对各级示范性合作社，开展政府职能部门担保、财政贴息、金融部门放款的金融服务。

第七节　创办农民专业合作社联合社

任何事物都有一个由小到大、逐步壮大的过程。合作社也是一样，历经这几年的不断发展，众多合作社已经不再满足现有的条件，小打小闹，而是逐步走上联合，有的甚至跨界联合，组建起各类农民专业合作社联合社，打造成真正带领社员共同致富的"航空母舰"。对此新修订颁布实施的《农民专业合作社法》把创建合作社联合社作为新补充完善的内容之一列入其中，重点引导。

一、什么是农民专业合作社联合社

农民专业合作社联合社：由多个（3个以上）合作社联合起来的组织称为农民专业合作社联社。

二、组建农民专业合作社联合社的优势

联合社可以解决单一合作社发展规模小、经营实力弱、市

场竞争力有限等问题。

联合社在农业生产资料的购买和农产品的销售上，可以更好实现大规模购销，节约交易成本和费用，争得交易价格上的优惠，争取对外谈判的主动，让社员获得更多的经济实惠，其经营规模和效益是一般的农民专业合作社难以企及。

联合社克服合作社难以适应大市场的矛盾，规避一些地区和一些产业的问题，携手联合，实现二次合作，有效避免恶性竞争。

联合社可以解决单个合作社因势单力薄难解决的问题，满足社员对服务的多样化需求。如扩大农产品销售，实现产品直销功能；兴办农产品加工项目，实现加工增值功能；开展信用合作，实现资金互助功能等。

潍坊诸城：一棵树串起一条"全产业链"

当下，普通价格的猪肉是十几块钱一斤，普通价格的羊肉不到 30 元/斤，而在诸城一家甫乐生鲜肉店的猪肉却卖到 70 元/斤，羊肉更是卖到 100 元/斤的天价。据店经理介绍，这是因为他的猪、羊从小都是吃构树长大的，而且都通过了有机认证。

"这个事还得从一棵构树苗说起。"见到记者，山东甫乐构树生态畜禽养殖合作社理事长崔龙打开了话匣子。在 2015 年全国扶贫开发工作会议上，国务院扶贫办曾将构树扶贫工程列入十项精准扶贫工程之一，并组织成立了"杂交构树产业扶贫"项目组。该工程采用中国科学院植物研究所杂交构树品种以及产业化技术，重点在全国贫困地区实施杂交构树"林、料、畜"一体化畜牧产业扶贫。

通过多方考察，崔龙了解到，杂交构树是中国科学院利用传统的杂交育种方式，综合现代生物技术手段培育出的具有突出抗逆性、多用途速生树种，在干旱、贫瘠、盐碱及丘陵、河滩等瘠薄的土地上均可生长，种植当年即可砍伐，且次年萌生，可连年砍伐。

杂交构树侧根发达，其地表根系网络足以抵制地表径流、治理水土流失及阻止土地沙化，能迅速绿化荒山、荒坡、荒滩和盐碱地。杂交构树可作为一种经济作物栽培，构树叶是一种优质的畜禽饲料资源，其树皮可用作木干纸浆、纺织纤维原材料，其叶子蛋白含量高，含有18种氨基酸和多种微量元素，可以制成全价畜禽饲料，促进畜牧业的发展。

正考虑苗木企业转型的崔龙决定做构树产业开发，于是从青岛中科富民构树繁育专业合作社引来种苗开始试种。

"中国农村长期以来就有用构树叶喂猪的习惯，过去，很少有人对构树进行研究和利用，近几年，科研人员发现构树叶蛋白质含量高达20%~30%，氨基酸、维生素、碳水化合物及微量元素等营养成分也十分丰富，认为经科学加工后可用于生产全价畜禽饲料"。青岛中科富民构树繁育专业合作社理事长张强如是说。

崔龙试种杂交构树当年获得成功，第一年枝叶收割量亩产达到4吨。他积极联系中国林业科学院等科研单位合作，开发杂交构树全产业链产业项目，利用构树生物发酵技术，开发出了构树生态饲料。

"这个饲料完全替代了生猪饲料中添加抗生素、激素等，解决了猪肉中有害物质的残留，降低饲料生产成本，改善饲料的营养价值，提高饲料利用率，还能增进动物健康，改善畜产品品质。"崔龙告诉记者。2016年，崔龙联合诸城市林家村镇当地9户养猪户成立山东甫乐构树生态畜禽养殖合作社，并与青岛中科富民构树繁育专业合作社开展种苗供应和构树种植合作，依托构树产业一体化建设，实现了育苗、种植、饲料生产、生态养殖、生鲜肉销售全产业链的发展。

目前，两家合作社在构树全产业链整合的种植、养殖社员数已达45户，养殖品种扩展到猪、羊、鸡、鸭、鹅。种植环节，所有的枝叶收获、加工全部实现机械化。借助信息化科技，合作社还成功进行数字农业的实践。通过智能化的环境监控系统、农场生产管理系统、农产品加工仓储管理系统、农产品配送系统、食品安全追溯系统、农产品订单管理系统、农产品电子商务交易系统，数字化贯穿了整个合作社农场的运营管理。数字农业实现了各分系统的实时监控和追溯，从源头上消除了食品安全隐患。有了优质产品，崔龙还特别重视品牌建设，注册了甫乐生鲜品牌商标，在诸城市区开设直营体验店，通过"电商+实体店"走高端销售路线，提高了产品的附加值，串起了构树"全产业链"。

"我们的目标就是按照'林、料、畜'一体化的模式，结合互联网，走出一条种、养、销相加的路子，直接面向终端消费者，形成自产自供的生态链闭环。"崔龙说。

（来源：大众网·海报新闻，2021-10-10）

三、联合社的主要形式

1. 同业型

同行业的农民专业合作社联合组建的联合社。

2. 同域型

同地区的不同行业的农民专业合作社自愿组建的联合社。

3. 同项型

同地区的不同行业的合作社为开展某项服务活动组建的联合社。

武都区陇州中药材种植农民专业合作社联合社揭牌成立

3月15日，陇南市武都区陇州中药材种植农民专业合作社联合社揭牌成立。陇南市农经局局长何积成，武都区农牧局党委书记、局长杨雁斌及区电商办、区农经局、区中药材中心、兰州银行、陇南市人寿财产公司、陇南市财产保险公司、农民专业合作社等相关单位部门主要负责人参加揭牌仪式。

陇南市武都区陇州中药材种植农民专业合作社联合社共有发起人23名，合作社152家。经过2017年2月24日全体社员大会通过了《陇南市武都区陇州中药材种植农民专业合作社联合社章程》，选举产生了第一届理事会领导机构，王莉娟当选为联合社理事长。联合社主要以中药材种植为主，兼顾花椒、核桃、油橄榄的收购、加工、销售等。其发展思路按照现代农业产业化发展理念，打造一个专业化、市场化、品牌化、信息化的现代农业模式，为全区农业产业化发展奠定基础和探索新路子。

武都区农牧局党委书记、局长杨雁斌在致辞中强调，联合社是为解决农民专业合作社规模小、力量弱、发展难等问题，将分散的农民合作社联合起来，充分实现农民合作社规模发展的一种组织形式，具有积极的示范带动作用。

就今后联合社的工作杨雁斌提出了具体意见，一是要加强联合社规范运作、健康发展。充分发挥"联合社"职能作用，积极搭建技术、信息交流平台，促进各合作社之间信息互通、资源共享、交流合作、联合创新，不断把中药材产业做大做优做强，使之成为精准扶贫的支撑产业和贫困群众增收的重要渠道。二是要组织农民专业合作社标准化种植，建立起种植、加工、销售相结合的中药材产业体系。要积极开展技术培训，为广大中药材种植户在种苗繁育、田间管理方面提供服务。要以助农增收为目的，以"联合社"为纽带，为会员提供技术指导、协调、维权等服务，引导农民专业合作社规范运作、健康发展。

截至目前，武都全区累计已有农民专业合作社 2 200 家，覆盖全区所有建档立卡的贫困村。其中省级 6 家，市级 19 家，区级 57 家。这些合作社的规范运行，极大地提升了特色产业的发展水平，为全区农业经济发展工作奠定了坚实的基础。

（来源：武都区人民政府，2017-3-17）

第八节　农民专业合作社联合社的原则和工作机制

一、农民专业合作社联合社的基本原则

虽然农民专业合作社联合社的发展还处于探索阶段，但根据创办农民专业合作社联合社的初衷和性质，联合社的基本原则应该是："民主管理、共同协商，统一调度、分社运作，规范运作"。这个原则大体能涵盖几个合作社联合运行的基本操作的流程。

民主管理、共同协商是基础。合作社是自愿联合、民主管理的互助型经济组织的定义，这就决定了联合社也要遵循的基本出发点，只有在这个基础上才能保证联合社沿着正确方向前进。

统一调度、分社运作是利益共享风险共担的最好实践。各个合作社的特点优势不同，人员组成、基础条件、主攻方向、社会关系各不相同，联合社要做的就是资源共享、优势互补，发挥资源、优势的最大化，因此，在统一的基础上，分社实施，既发挥了优势又分担了风险，符合合作社闯市场的基本要求。

规范运作是保证联合社正常运转的必要条件。合作社的成功取决于规范管理和规范运作，联合社应总结经验，在规范上严要求，在管理上上水平，充分发挥其联合作用。

二、农民专业合作社联合社的工作机制

一是民主机制。联合社要把坚持民主选举、民主决策、民主管理、民主监督作为合作社联合社运行的重要原则，把民主机制作为联合社健康发展的根本。在组织机构设立上，完善社员大会、理事会、监事会的各项规程。召开社员大会，推选理事会、监事会，实行一年一次的选举制度。年终董事长向全体社员报告年度经营情况，由群体社员进行经济效益和发展成果评估，根据实际情况确定理事与监事的连任或改选。

二是规范运作。联合社各个部门要分工明确，各司其职，各负其责。理事会发挥决策功能，在充分论证、广泛参与的基础上保证做出科学的决策；监事会做好监督；各部门、各分社抓好落实。所有部门都有详细的工作程序、章程、制度和职责，作为其行为规范的标准。联合社的宗旨：对内不以营利为目的，谋求社员的共同利益。对外以利益最大化为目的。联合社只有服务好社员，实现盈余最大化，才能实现联合社的可持续发展，才能更好地实现联合社各分社间的互助互利。

三是利润返还。坚持把风险同担、利益共享作为联合社发展的核心内容。在利润分配上，实行"三次分配"：初次分配是把高出市场价的差额中拿出一部分向社员返利；二次分配是联社经营收益的60%按农产品交易量返还给社员、40%由联合社留用作为发展资金；三次分配是联合社留用部分的50%和营业外收入50%（包括收购社员以外的所有农产品）按资金注入量分红给各分社、50%作为联合社自留发展资金。

四是在经营管理上实行"九统一"。基地统一模式，经营

统一计划，市场统一开拓，资金统一协调，投入品统一采购，包装统一版面，产品统一销售，技术统一指导，农机统一管理和使用。

三、把握好农民专业合作社联合社的管理与运营

第一，把联合社建成提高农民组织化程度的有效载体。在面对大市场的背景下，分散的合作社与分散的小农户并无本质的区别，这也是农民对合作社缺乏热情的重要原因，也是诸多小合作社有名无实的重要原因。合作社必须走联合的道路，引导农民专业合作社之间进行多领域、多方式的联营与合作，促进合作社走向联合，有效形成了规模优势，加快主导产业的培育与壮大。只有把诸多合作社联合起来，形成规模大、覆盖农户范围广泛的联合社，合作社才能有定价权，获得谈判地位。在农资购买、农产品销售过程中联合社都能取得主动地位。因此，合作社的发展要克服追求数量的倾向，要重视规模和对农户的覆盖面。联合社提倡以县为单位，每个县设两三个联合社，这样可以适应合作社走向联合的趋势，最大限度把农民联合起来，提高其组织程度。

第二，引导联合社走纵向发展与横向联合之路。联合社有效解决了小生产与大市场的矛盾，改变了小农户与大企业不对等的经营状况。促进了横向一体化规模化经济和纵向一体化产业经济的发展，成为引领农村经济发展的重要组织形式。横向一体化不仅实现了数千户分散农户的联合，而且实现了与金融机构的对接。例如，联合社可与银行建立深层次的合作关系，由联合社担保，为合作社生产经营提供信贷服务。经金融监管部门批准，联合社还可以组建资金互助社，解决联合社发展资金短缺的问题。此外，还有效地实现了与农业科研院所的对接。聘请专家团队指导农业生产，实现了全程跟踪技术服务，

定期开展技术教育和培训，建立科技示范园区，开展良种培育，为推进农业产业基地储备资源与技术。纵向一体化产业经济的发展体现，一是与农资企业实现对接，化肥企业专门为其生产质高价廉的专用肥料，实现集团购买；二是与销售市场对接，开辟联合社的销售渠道，打造自己的品牌；三是与加工企业对接。为提高联合社农产品的附加价值和农产品商品率以及产业链条的纵深发展，积极引进农产品精深加工企业洽谈，实行社企合资合作，形成农业产业链条，"龙头企业+联合社+农户"，捆绑基地提升农产品的附加值，为农民增产增收。通过横向与纵向的联合与合作就会极大地拓展合作社联合社的发展空间。

第三，创造条件完善联合社的"综合性"服务功能。联合社不再局限于是"同类农产品生产者"的联合，无论是合作社的成员构成还是服务内容都体现出多元性和综合性。首先，联合社成员构成具有多元性，农户有种植大豆的，也有种植玉米的，一个农户可能今年种大豆，明年就会种玉米，还可能同时种植水稻，要求农民按照种植内容参加不同的合作社，或频繁更换合作社既不现实，也无必要。联合社以地域为单位，统筹该区域内所有类型的专业合作社，其成员必然呈现出多样性特征。其次，联合社表现出服务的综合性，与服务对象的多样性相适应，其服务内容必然是综合的。既包括多种种植业的生产服务，也包括养殖业的生产服务；既包括销售服务，也包括金融服务；既有技术推广服务，也会发展出社员的生活服务。总之合作社联合社的服务内容是依据专业合作社及其社员的要求而确定的。

第四，注重管理人员的合理结构与规范管理。联合社的构成要突出资源的异质性。首先，组成人员要有各方面的人才，既有生产者，又要有销售者，还需要高水平的管理者；在合作内容上必须突破单纯生产者的联合，要与销售者、加工单位、金融信用机构进行广泛合作，赋予联合社更充实的职能。其次，把几个合作社社长中大家公认、自身综合素质比较高、在社员中享有较高威望的社长，推举担任合作社联合社的董事长，理事也是由农民推选的各方面能人所构成。再次，要有合理的组织结构。联合社的组织结构要根据具体业务需要合理设置。最后，坚持民主管理。不断完善合作社法人管理结构建设，民主决策机制、利益分配机制、资产管理机制和财务管理制度等。如在财务上要科学建立账目，细化科目，及时填报财务报表，准确记录生产经营过程发生的各项费用和成本，严格执行财务制度，定期公开财务运行情况等。保障合作社有序、规范运行，也保障合作社成员的利益。

第五，多方争取政府的支持与帮助。联合社的发展过程离不开政府的引导、扶持和规范。特别是制定联合社发展规划，形成相关部门联席会议制度，及时解决联合社发展中的问题方面，政府及职能部门的作用尤其重要。在联合社运行过程中，首先，要坚持示范引导的原则，宣传、支持农户在自愿基础上形成专业合作社，进而组建联合社，注意培育典型。其次，坚持适度规范的原则，不断完善联合社的决策、管理、分配、监督机制，并使其制度化。对民主管理好、服务能力强、产品质量优、社会反响好的联合社进行表彰、树立典型，组织申报示范社，在政策、资金、资源上给予更多的支持。最后，坚持积极扶持的原则。整合政策资源，集中投向优先发展和重点产业的联合社，不仅加强项目、资金等硬性支持，也加强了技术、管理、营销等能力建设。同时政府在人才培训、农产品品牌建设、营造合作社发展舆论氛围、促进合作社与国有农场共建等方面发挥了重要作用，为联合社的成长创造了良好的政策环境。

目前，农民专业合作社联合社的发展已经表现出了强大的生命力，但还处在探索阶段，不仅没有现成的运行模式，也没有可遵循的法律规范。因此，急需立法予以确认。如明确联合社的组织构成、职能、联合社与专业合作社的关系、政府相关部门与联合社的关系等。从现有的联合社的发展看，联合社的功能远远不止在合作社经营和农户经济利益实现方面，联合社的运行不仅对农业产业链条的延伸和农业资源整合发生着重要影响，同时也会对整个社会结构发生影响，如乡镇以及村的经济职能会转移到联合社，村委会与合作社的关系、乡镇与合作社的关系等均需要重新定位。

山东滕州农民为何成立"合作社的合作社"

5日，山东小麦正式开镰收获。记者在产粮大县山东省滕州市采访时，发现一些农民成立了"合作社的合作社"——滕州市富原万亩粮食种植专业合作联合社。农民们这么做，到底有哪些好处呢？

"最直接的好处就是农资购买价格低了，比过去至少便宜了一成。过去我的合作社种300亩地，肥料需要从镇上经销商那里购买，现在我们联合社一共种了1万多亩地，由于肥料需求量很大，厂家愿意直接给我们配送，省去了中间环节，价格自然便宜了许多。"站在丰收在望的麦田边，联合社成员、丰裕种植专业合作社理事长刘西安向记者细数了"合作社的合作社"给大伙儿带来的甜头。

不过，在滕州市瑞丰农机专业合作社理事蒋继生看来，"合作社的合作社"最大的好处是实现了优势互补，取得了"一加一大于二"的效果。"比如我这个农机合作社，过去几十台大型农机根本'吃不饱'，大部分时间都闲置在仓库里。现在有了联合社，经营土地面积1万多亩，不仅我的农机有了更大的用武之地，而且联合社成员单位也能以更便宜的价格享受农机服务，大家都得了好处。"蒋继生说。

滕州市富原万亩粮食种植专业合作联合社理事长宋致帅说，成立联合社还实现了信息共享。比如他们建立了"新型职业农民俱乐部"微信群，这个群里不仅有联合社的所有成员单位，还有滕州市农业局和乡镇上的农业技术专家，可以随时随地交流和学习最新的国家政策、市场行情、农业技术等重要信息，种地不再是"只低头拉车，不抬头看路"了。

据了解，2014年1月，由滕州市瑞丰农机专业合作社、新岗植保专业合作社、富原粮食种植专业合作社等7家合作社创立了滕州市富原万亩粮食种植专业合作联合社。农民说到的"合作社的合作社"，就是多个农业合作社进行再联合、再合作而成立的联合社。目前，联合社经营面积涵盖了16个村的1.36万亩土地，预计年产粮食2 800万斤。

"成立了联合社之后，我们的经营势头非常好，预计今年纯收入将突破400万元，远远出乎我们的意料"。宋致帅说。

（来源：新华网，2015-6-5）

第八章 如何做一个能带领大伙致富的能人社长

第一节 合作社社长应具备的条件

"火车跑得快，全靠车头带"，立足把合作社建成社员增收致富的主阵地，大伙致富的主心骨，合作社社长必须是"六能人"。

一、出于公心的能人

合作社社长是社员经过民主选举产生的，自上任那一天起，就肩负着社员们的重托和希望。作为合作社社长必须要把公道正派挺在前面，把合作社的发展作为自己的事业，一心为公，就能带领大家走向共同致富的康庄大道。

二、热心服务的能人

合作社的宗旨就是为全体社员提供服务。作为领头人，合作社社长必然是服务大家的组织者、实践者，只要自己热心为社，真心对待社员的诉求，做到有必应，就能赢得社员的拥护。

三、作风朴实的能人

合作社社员都是自己的街坊邻居、亲戚朋友，既然大家信任自己，就不要摆架子、显身份，就应该放低姿态，态度要谦逊，以朴实的作风，种养生产干在前，带着社员干、干给社员看，以自身的经济效益彰显自身价值。

四、执行力强的能人

合作社是一个民主管理的互助型经济组织，需要组织者具有较强的执行力才能提高其互助功能。大事小情，生产经营、利润返还、公益金提取等事项，都涉及执行力问题。在这项问题的处理上，在发挥董事会、监事会作用的基础上，合作社社长要敢于仗义执言，撇开面子、情分，该落实的抓落实，提高执行力，确保合作社抱团闯市场的大船破浪前行。

五、开拓创新的能人

纵观合作社的整体发展情况，有的合作社生机一片，有的合作社死气沉沉，原因很多，但主要一点与合作社社长的开拓创新能力有着直接关系。在合作社种养殖项目的选择、市场的前期考察论证、组织方式、合作形式、生产经营等方面都需要有适合自己合作社发展的一系列规划和措施，如果墨守成规，走老路，品种不新、技术落后、市场不对路、销售不畅、管理粗放，势必就会在市场大潮中摔跟头。只要合作社社长根据自身合作社基础优势，主导产业，敢于创新，不走寻常路，牢牢站在市场前沿，引领市场，提品质、打品牌、树形象，求拓展，合作社就会披荆斩棘，勇往直前。

六、公关协调的能人

在乡村振兴大背景下，国家大量的扶持政策倾向农业，特别是党的二十大更加明确了鼓励合作社发展的方向。如何借助扶持政策，把合作社做大做强，就需要合作社社长吃透政策，锻炼自己的公关协调能力，积极向当地领导汇报，争取政策支持，用足用好扶持政策。以合作社的业绩证明，让组织和领导信赖。

山东乐陵金亿合作社的"牛"人"牛"事

一个人养牛不算牛，牛的是一个人不仅养牛有一套，还带动一群人共同致富。山东省乐陵市金亿奶牛养殖专业合作社理事长侯金场，就是这样一个十里八乡公认的"牛人"。他通过当牛倌，办牛社，让社员们走上了致富路。

当然，他还有更牛的"牛"事：用互联网、大数据管牛事，走生态循环养牛新模式，实施共同致富计划……

9月13日，记者走进位于乐陵市丁坞镇大杨寨村东的金亿奶牛养殖专业合作社，见到了38岁的侯金场。早年，他开过油坊、跑过运输、干过五金生意，19岁只身进城创业，靠着自己的勤奋和聪明，挣得了一定身家。2002年，侯金场又回村承包土地，种植苗木和中药材，同时发展林下经济，开始养黄牛和山羊，结果一下子赔了30多万元。但他不死心，仍咬牙坚持干着，同时为了把自己变成养牛的内行，他苦心学习，终于熟练掌握了疾病防治、饲料配方等一套科学养殖技术。2006年，他进军奶牛养殖，当年6月，他筹集资金120万元，建起一座奶牛养殖场，购进800头奶牛，正式成为一名"牛倌"。

2007年，他在信用社贷款30万元，成立了佳艺奶牛合作社，引进了专业挤奶设备、化验设备，还配备了专门的兽医。同时凭着诚实守信、扎实肯干的作风，吸纳30多户养殖户入社，并与济阳旺旺集团签订了供奶合同。随着牛场的不断壮大，2011年6月，侯金场又投资1 000多万元，在乐陵市丁坞镇大杨寨村东新建了占地258亩的金亿奶牛养殖专业合作社。

打好了基础，侯金场开始实施自己的"共同致富计划"，他通过"合作社+农户"经营模式，吸收周边村镇的68户养牛户入社，同时，以10万元高薪诚聘1名高管为生产经理，统一防疫管理，统一饲料配方，统一销售鲜奶，养殖场实现了科学规范管理。

　　侯金场边走边介绍，社员都是从四里八乡慕名前来的，社员们的信任，让他从不敢松懈。现在，他的养牛场共有奶牛3 000头，拥有100头以上的养殖大户10户，50头以上的养牛户28户，20头以上的养牛户30户，日产鲜奶达20吨，成为全市最大的奶牛合作社。

　　下午2时，正是养殖场挤奶的时间。走进奶厅，脸上露出幸福笑容的侯金场自豪地告诉记者："两台挤奶机都是进口的全自动机器，100头奶牛同时上机器挤奶，不用一个挤奶工，鲜牛奶轻松流到全封闭的奶罐里。"

　　"大厂信不过散养户的牛奶质量，咱养殖场的牛奶质量有保证。"在侯金场的示意下，记者看到每头奶牛的耳朵上都贴着一张健康证，侯金场说，以前管理牛，对牛进行检查，都要有专门人员对牛舍一一查看，今年，他们投资20万元，引进了智慧奶牛综合数据平台，开始用互联网、大数据管牛事，现在3 000多头奶牛的数据信息全部上网，还有相对应的电子芯片挂在牛的耳朵上，一头奶牛的出奶量多少，牛的健康状况是否良好，只要在电脑前一看就全都知道了。

　　牛奶质量有了保证，旺旺集团和新光明乳业分别和侯金场的养殖场签订了长期供货合同，所产鲜牛奶，厂家全部收购。挤奶结束后，不足两个小时，侯金场的运奶车就可以把当天产的鲜牛奶，运往济阳、德州的厂家。

　　如今，侯金场的共同富裕之路仍在加速中，今年，他又开始描绘一个养牛循环经济的蓝图：种养绿色、天然的牧草，既可降低成本，也能增加产量；建造沼气池，解决牛粪的污染，同时可以方便社员煮饭烧菜；剩余的沼渣和沼液还能做有机肥，有利于其他农产品生产。"目前，我们投资1 000万元上马的牛粪处理沼气发电项目正式建设，投资200多万元在孔镇租地1 000亩种植的苜蓿已收获，俺准备以苜蓿喂牛、以牛粪建沼、沼渣上地及牛粪发酵培育食用菌，走种养一体化的生态循环发展之路，发展更多的养殖户入社，抱团闯市场，争取把奶牛养殖合作社做成'鲁北第一牛'……"

（来源：大众网，2016-10-18）

第二节　家庭农场主与合作社社长的区别与联系

一、区别

家庭农场主经营一个自家的农场，是个人的事；而合作社社长是大伙致富的带头人，负责的是大家的事。

家庭农场主只对单个家庭的经营情况负责，如何经营管理，效益如何，都是一个人说了算；而合作社社长关于生产经营的重大事项必须经社员大会或社员代表同意才能决定。

家庭农场主决定农场的相关事宜，合作社有完整的组织框架机构，合作社社长在理事会的决议下开展工作。

家庭农场主自由支配自己的活动与生产经营；合作社社长必须有计划地组织生产与经营，社员之间采取统一模式，盈利返还。

家庭农场主风险、利益都是家庭承担和享受；合作社社长则是引导大伙风险共担利益均享。

家庭农场主是自我进行质量管控；合作社社长必须实行责任追究制度，对乱施农药、化肥、食品添加剂影响产品质量的，合作社拒收其产品或追究责任。

二、联系

家庭农场主和合作社社长都是新型经营主体的负责人，都要具有职业农民有文化、懂技术、会经营、善管理、有素养的基本要求。

二者都承担着发展现代农业的责任和义务。

家庭农场主和合作社社长都是起示范带动作用的能人。

众多家庭农场主可以个体身份组建农民专业合作社，也可担任合作社社长；但合作社社长要想创办家庭农场必须退出合作社，重新申办家庭农场，当家庭农场主。

第二篇 党支部领办农民合作社要点

随着乡村振兴步伐的加快，壮大村集体经济和实现共同富裕的需要，对党支部领办农民合作社提出了迫切的要求。

第九章 党支部领办农民合作社概述

习近平总书记高度关注农民合作社发展，在不同历史时期对农民合作社的功能定位都有明确的指示要求。总书记多次讲"农民合作社就是新时期推动现代农业发展、适应市场经济和规模经济的一种组织形式"。鼓励各地探索不同的农民合作社模式，把农民合作社办得更加红火。为充分发挥村级党组织政治引领作用，着力解决发展壮大村级集体经济制约瓶颈、村级党组织自我保障和为民服务能力不强等问题，对农民合作社的发展，特别是对党支部领办农民合作社提出了更高要求，各级政府要在充分吸取过去发展的经验和教训的基础上，注重从法律、法规、政策多层面加以鼓励支持、规范引导。党的二十大提出的中国式农业现代化的进程更离不开党支部领办合作社。以此为抓手，进一步提升村级党支部组织力，增强基层组织服务能力，强化乡村治理，推动村党支部领办合作社沿着正确方向前进。

第一节　党支部领办农民合作社的表述

村党支部领办农民合作社（也称党建引领合作社）是指在村党支部主导下，农民在自愿基础上联合成立的互助性经济组织。村党组织书记兼任合作社理事长，以个人名义注册成立有法人资格的合作社。村集体以集体资源、资产、资金，农户以土地、资金、机械设备、劳动力等入社入股，明晰村集体股权与入社群众股权，把村集体资产资源利用起来，群众组织起来，建立起村集体与群众的利益共同体，发展适度规模经营或提供集约化服务，实现村集体和群众双增收，促进乡村振兴。

按照《农民专业合作社法》规定，董事会、监事会、社员代表大会、会计、出纳要依据合作社章程开展工作，在村党支部领导下，履职尽责，定期召开会议，民主决策合作社相关事宜。

党支部领办合作社是 2014 年贵州省安顺市塘约村率先提出来的，2016 年 12 月由著名报告文学作家王宏甲《塘约道路》一书名声大噪。从此，党支部领办合作社在新时期农民合作社中独树一帜，显示出强大的生命力，在全国各地开花结果，特别是在山东烟台市、贵州毕节市在市一级层面全面铺开，取得了振奋人心的效果。

第二节　鼓励党支部领办农民合作社的必要性和重要性

在乡村振兴战略背景下，部分基层村组织还存在的短板就是集体经济薄弱，战斗力不强，服务意识较差，缺乏带领群众实现共同致富的措施和办法。目前行之有效的捷径之一就是引导农村党组织走领办合作社之路，尽快实现五大振兴。

一、必要性

1. 解决村集体经济发展水平不高问题

有的村即使有集体经济，但大多是靠资源吃饭，简单发包租赁，增收渠道单一，发展后劲不足；有的村已经习惯"等靠要"。村集体经济空壳，党的领导和基层治理也近于"空壳"。由此，发展壮大村级集体经济已经到了非抓不可的地步。

2. 解决党支部组织力不强问题

实行"家庭承包经营"后，基层党组织和党员干部失去了生产指挥权和收益分配权，也就失去了影响力和权威性，这就导致了基层组织和党员干部说话没人听，干活没人跟，基层党组织没有了凝聚力和感召力。而农村基层的组织力和号召力是党的执政基础，必须巩固。

3. 解决群众的集体意识淡化问题

一些农民群众只关注自家的"一亩三分地"，事不关己，高高挂起，这也就割断了群众与集体的经济联结纽带，弱化了群众对集体的依赖，淡化了群众的集体意识。应该通过组织的力量，把分散的群众重新组织起来，把零散的资源利用起来，使群众成为乡村振兴的主体。

4. 解决农村发展活力不足问题

现在青壮年劳动力外出务工、大量土地撂荒，农村"空心化"、人口老龄化、农业边缘化已成为全国性的问题。要提高农业生产力，必须推动土地流转，实现规模经营，走集体化、合作化路子。解决小农户与大集体的链接断层困难，实现共同致富，发展现代农业。

二、重要性

一是发挥村党支部发展集体经济的职责。新出台的《中国共产党支部工作条例（试行）》明确提出，村党支部要组织带领农民群众发展集体经济，走共同富裕道路。要把这一要求落到实处，需要找到一条既能够把群众组织起来抱团发展，又具有普遍性、适应绝大多数农村实际的发展路径。

二是发挥农民专业合作社组织群众、抱团发展的优势。首先，农民专业合作社作为互助性经济组织，通过联合生产、规模经营，能够有效地将农村分散的资金、劳动力、土地和市场组织起来，能够有效提高农民组织化程度，切实引导小农户步入现代农业发展轨道。其次，党支部领办农民专业合作社成功案例很多，群众对此了解更多、感知更深。同时，相对于公司、企业等经济组织，党支部领办农民专业合作社准入门槛低、成本低，在出资方式、经营方式上也更灵活，更容易在农村组建推广。

三是发挥党支部领办合作社的叠加效应。党支部具有其他任何组织都无法比拟的政治优势、组织优势，一旦这个政治优势、组织优势同合作社的经济优势叠加起来，就能扬长避短，形成聚合裂变效应，产生 1+1 > 2 的效果。而如果不与经济发展结合起来，党支部的工作就会失去支撑和依托，出现党建与发展"两张皮"的问题。党支部领办合作社既可以保证合作社"姓公不姓私"的政治方向不偏，也能够让群众享受到合作社全产业链增值收益，保障群众利益最大化；更能通过股份合作建立起集体和群众的经济利益共同体，强化群众集体观念，让群众自觉的听党话、感党恩、跟党走。

第三节　党支部领办农民合作社的原则

党支部领办的农民合作社一旦依法依规注册成立，收益就必须有一定比例作为集体收入。为体现加强党支部的领导，制定合作社章程中应明确两个原则和两个概念。

一、两个原则

第一，村党支部领办的农民合作社，理事长应由村党支部书记担任，如担任理事长的村党支部书记职务终止，其理事长职务自动终止，应召开成员（代表）大会进行改选。入社担任理事长职务的村干部，需提前约定声明：若在村两委换届中落选或职务终止，将主动辞去理事长职务。党支部领办合作社的董事会、监事会、社员代表大会必须规范，缺一不可，各负其责。

第二，虽然"入社自愿、退社自由"是合作社的原则，但这个"自由"不是随心所欲，而是有约束条件的，是不以损害集体和其他社员的利益为前提条件的。例如，对没有进行土地流转的服务型合作社，社员可以随时退社，但对于那些已经流转了土地，村党支部进行了连片整治、改良了土壤、更新了品种、新上了水肥一体化等设施的，这个时候退社要有约束条件，不能想退就退。

二、两个概念：即"村党支部领办合作社"与"党支部+合作社"

村党支部领办合作社，体现的是党支部的主导作用，由党支部发起成立农民专业合作社，以党支部的名义组织群众入社，带领群众上项目、跑市场，共走富裕路。同时，合作社经营、分红权牢牢掌握在党支部的手中，既保证了合作社"姓公不姓私"，也保障了群众利益最大化。

"党支部+合作社"主要是指在已成立的农民专业合作社中，符合条件的合作社建立党组织，体现的是党的组织和工作覆盖，不直接承担经营管理职责。

第十章　党支部领办农民合作社的基本类型

第一节　发展背景

　　农村实行包产到户责任制改革以来，虽然土地集体所有制没有变，但经营方式已由集体经营改为家庭经营了。此举调动了农民家庭生产积极性，促进了农业生产产量的提高，使农民摆脱了体制的束缚，提供了外出打工谋生、转产创业的渠道和空间，同时极大促进了城乡社会变革的进程。但就农业生产本身来说，农业生产质量的提高取决于众多因素，例如，机械化、水利化、电气化、良种、化肥、农药、农田水利基本建设、市场开发等，人的积极性只是其中的一个因素而已。农业规模化生产是实行农业现代化的必经之路，而家庭小生产与现代化农业存在着天然的难以克服的矛盾。因此，包产到户伊始，农户之间的合作就成为必不可少的行为。随着农产品在市场上的开发竞争的需求，各种农产品专业化种植、养殖合作社应运而生。

　　将土地集体所有权和村民承包经营权捆绑在一起，以村里土地等资源入股合作企业中，土地按照市场价格折算入股资金，以集体的身份保持住了一个股东地位角色，而且代表了土地出让方，选择合作伙伴时处于主动的地位。这就既保护了集体和村民的利益，使他们能参与分享产业创新带来的丰厚利润，同时又为资本、技术进农村打开了渠道，给公司企业留出了巨大的发展空间。公司企业自己进入农村，整块大片流转土地过程烦琐复杂，遇上不愿流转土地的钉子户束手无策，经营过程中也会遇到难以预料的矛盾和困难，入股党支部领办合作社就成为简便易行的好途径、好办法。

村党支部和村委会成员要经过合作社社员大会上竞选，才能进入合作社的领导层。这是因为，村党支部发起带动村民加入合作社，充分尊重村民经营自主权，村民自愿申请加入合作社，不强制，因而不是全村村民都加入了合作社。也有的村民一部分土地加入合作社，一部分自己经营。合作社采取的是股份合作经营，村民以土地、现金、劳动力、其他财产全部折合成现金，以现金来确定股份的份额。外村人和公司也可申请加入合作社，但外来资金股份一般控制在 20% 以内，这也是《农民专业合作社法》所规定的，确保农民在合作社占据主导地位。村里现有的公用土地、水利设施、公共财产、空闲地、荒山等各种资源，折算成现金入股合作社。在整治零碎地块过程中，因为取掉了分地时各家留的地埂，一般能增加 8% 的土地，增加土地部分也归村集体所有。政府部门投入村里的农业开发项目资金和各种支农资金，也折算成股份，归村集体所有。因此，实际上村集体是党支部领办合作社的最大股东，党支部书记出任合作社理事长也就顺理成章。合作社的利润提交积累后，归合作社成员所有，按股份分配。村集体按照股份从合作社得到的收入，归在册全村人所有，用于全村公用、公益事业或者投资其他产业。

第二节　基本模式

据目前媒体报道和查阅相关资料，通过对党支部领办合作社的模式进行梳理和分析。党支部领办合作社有代表性的几种模式。

一、村集体独立自主经营模式

以村集体原有的资产、资源、资金为基础，发起成立以村支部书记为理事长的村集体合作社，在此基础上，在尊重村民意愿的基础上，将全村村民的土地全部流转到合作社，统一经营管理。立足土地规模化优势，发展农业特色产业，村民根据自身实际，有的到合作社从事劳动，既当股东又当员工，获得租金、分红和佣金；有的外出打工，还享受土地租金和分红。实现村公益事业和村民都受益、共发展。

走好乡村振兴路 古村焕发新生机

大汶河西岸，坐落着一个始建于明洪武年间的古老村落，近年来，该村通过环境整治，使旧村"焕"新颜，乘着乡村振兴的东风，发展产业，走上了致富之路，曾获得全国文明村、全国民主法治示范村等荣誉称号。这个在新时代焕发生机的古村落，就是岱岳区范镇郑寨子村。

一幢幢房屋整齐排列，干净平坦的乡间道路两旁红花点缀，多彩手绘壁画让一面面白墙"活"了起来，为村庄增添了艺术气息……走进郑寨子村，一个干净整洁、风光宜人的村庄展现在眼前。"以前的路有两条沟，一下雨就积水，出门都不方便。现在不仅硬化了还搞了绿化，路边有樱花还有海棠，不仅我们夸，外面来的人也夸。"郑士平是村里的老人，对于村里的变化，他的感受就是"翻天覆地"。

这种改变得益于村里的旧村改造。"以前村民乱建乱占的情况不少，为了改变现状，我们对全村进行了科学规划。"郑寨子村党支部书记、村委会主任亓会峰说，通过全村统一房屋标准、面积，用抽签的方式分配位置，彻底解决了村民建房和买卖房屋的遗留问题。在此基础上，村里还先后投资 250 万元，对环村路和中心大街进行硬化、绿化、亮化。特别是实施了净化工程，建立"三个三分之一"卫生保洁考评机制，让村民们逐渐形成了自觉维护环境整洁的习惯。据介绍，"三个三分之一"是指村里与各户签订卫生管理协议，对全村所有户进行记录考核，年底计分总评。对排名前三分之一的户进行奖励、中间三分之一的户不奖不罚、后三分之一的户缴纳 120元卫生管理费，奖励给前三分之一的户。这项制度执行了一年后，郑寨子村的大街小巷、房前屋后都变得干净整洁，村容村貌发生了很大变化。

产业兴，则乡村活，亓会峰深知这个道理。发展产业需要土地，结合郑寨子村村民在外打工经商多、村里土地出现撂荒的实际，村集体成立了慧鑫农作物合作社，对全村的土地进行了优化组合。2018 年底，将全村土地流转到党支部领办的合作社统一管理，同时注册汶阳寨田园综合体（泰安）有限公司，规划构建泰山金银花苗木中草药产业园、汶阳寨现代农业产业园和汶阳寨生态休闲旅游区"两园一区"发展格局。亓会峰说，现在汶阳寨现代农业产业园已初具规模，特别是在种植反季无花果方面，村里建成了长江以北最大的反季节无花果种植基地。

走进无花果基地的大棚，只见一棵棵低矮的无花果树整齐排列，叶片碧绿。"我们种植的是反季无花果，现在不出果，由于 7 月刚剪完枝，所以显得矮小无果只见叶。"汶阳寨田园综合体有限公司经理李勇介绍，这里的无花果从腊月开始出果上市，每亩地产量达到 6 000 多斤，主要销往北京、青岛、济南、淄博等城市，由于种的是波姬红这一品种，果实品质好、口感好，广受市场欢迎。

像汶阳寨现代农业产业园一样，目前郑寨子村的泰山金银花苗木中草药产业园已见成效，同时，依托当地特有的牟汶河风景、胜利渠首文化、埠东岭扬水站等历史文化景观打造的汶阳寨生态休闲旅游区已进入招商引资阶段。2021年村集体收入达到50多万元，解决村内剩余劳动力150多人，村民务工收入3万多元，享受到了产业发展带来的红利。"现在，在外工作的村民可以得到土地租金和入股分红，留在村子里的村民可以既当股东又当员工，获得租金、分红和佣金。接下来，我们将继续夯实乡村振兴的产业基础，走稳走好产业振兴这条路，全力实现全体村民共同致富的目标。"亓会峰说。

（来源：泰安日报，2022-8-25）

二、村集体与企业合作经营模式

通过招商引资方式，与科研单位、农业公司合作，产学研、村企民共建，村集体资产、资源通过支部领办合作社方式入股分成，村民在自家土地收取流转费的基础上，再和村集体一块参与分红，形成村"集体增收有保障、村民股份有分红"的新模式。

岱岳区夏张镇于家官庄村打造富村新模式

于家官庄村位于岱岳区夏张镇西部、凤凰山脚下，全村203户603人，党员28人。近年来，于家官村党支部通过领办专业合作社，把人才、土地、资金等发展要素的活力激发出来，探索出一条党建引领、村社互动、项目推动、抱团发展的强村富民之路。

产学研、村企民共建，打造富村模式样板区。因地制宜，发展特色产业，村两委广泛组织发动群众用资金、土地、果园等资源作价入股，合作社流转村民60余亩土地，建设冬暖式钢结构樱桃大棚3个、芦笋大棚11个，种植特色农作物。项目推动，加快发展进度，合作社与山东省果树研究所合作，建设山东省最大的樱桃、草莓种苗育繁推产业园，建设 80 个高标准智能化大棚。该产业园达产后，种苗可远销全国各地，真正起到引来一个企业，选好一个模式，做活一个产业，富裕一方百姓的作用。

村级增收村民致富，乡村振兴有看头。党支部领办泰安市祥瑞达果品专业合作社，整合村民土地 60 余亩，建设 11 个芦笋大棚和 3 个反季节樱桃大棚，2022 年增收 7.7 万元。合作社与山东省果树研究所合作，流转村集体土地 255 亩，建设草莓苗育繁推基地，增加村集体收入 30.6 万元，带动 50 名高素质农民就业。整合项目资金 20 万元，每年获得 8% 收益 1.6 万元，同时，经村两委多次与山东省果树研究所协商研讨，争取到合作社占草莓育繁推示范基地 5% 的股份，保证村"集体增收有保障+村民股份有分红"。合作社与山东省天地园林有限公司合作，流转土地 260 亩，每亩地村民流转土地费 600 元，村集体每年增收 15.6 万元，2022 年预计村集体收入达到 55.5 万元。

（来源：齐鲁晚报网，2022-7-15）

三、对外承包经营模式

村庄自然环境得天独厚，地理条件有优势，资产、资源有特色，发展基础较好，村两委有凝聚力、战斗力的村，村党支部领办合作社，将村集体的资产、资源，村民的土地全部纳入村集体统一经营管理。村资源变资产，村民变股民。合作社将村资源、土地采取分地块、分项目的方式，进行对外承包，按年度收取承包费。按合作社章程进行村集体、村民分成、分红，实现村集体经济稳定增长，村民收入稳定增加。这样既能将村两委干部从土地上解脱出来，从事高效率的公共管理和乡村治理工作，又能有精力建设和谐美丽幸福的新农村。

泰安市岱岳区道朗镇构建"党建联盟"引领乡村振兴

泰安市岱岳区道朗镇地处泰山西麓，面积 105 平方千米，辖 43 个村，3.5 万人。镇北部山区 19 个村以前交通闭塞、土地贫瘠，农民生活普遍不富裕。近年来，镇党委创新打造九女峰党建联盟，将 19 个村"串珠成链"、整体开发，到 2019 年底，片区实现旅游收入 2 300 万元，被确定为乡村振兴齐鲁样板省级示范区。

强化党建引领，凝聚区域联动合力。2016 年，镇党委在里峪村试点开发乡村旅游，经过两年实践，带动周边 7 个村跟进发展。为避免各村单打独斗、重复建设，镇党委从党建引领入手，创建九女峰党建联盟，推动各村一体发展。一是组织联建。2018 年 8 月，成立九女峰党建联盟党总支，由一名镇党委委员任书记，统筹协调片区事宜。镇财政投资 20 余万元，为党建联盟打造专门的活动阵地。每月 10 日，党总支书记召集各村党支部书记、相关组织负责人召开联席会议，研究协商片区重大事项，调度推进重点任务。二是人才联培。针对片区面临的"老人留守""无人振兴"问题，依托旅游产业、高效特色农业成立返乡创业协会，建设乡村振兴创业孵化基地，先后吸引 20 余名优秀人才返乡创业。与山东农业大学、山东科技大学等高校合作，建立乡村人才振兴服务基地、返乡农民工创业示范园，培育本土人才 1 500 余人，片区人才培养由自我发展变为精准培育。三是项目联引。镇党委成立乡村振兴招商引资专班，党建联盟党总支书记任组长，围绕片区四大主导产业、农产品物流等进行重点招商，先后引进鲁商、泰山茶溪谷、绿地头等 20 家企业进驻九女峰片区，累计投资 3.5 亿元。

集聚资源要素，点燃融合发展动力。镇党委指导九女峰党建联盟发挥统筹协调作用，引领各类发展要素向片区集聚，培植优势产业，加快振兴步伐。一是振兴规划同编制。九女峰片区与济南接壤、距泰城较近，自然风光优美，文化底蕴深厚，发展乡村旅游具有得天独厚的优势。镇党委坚持高标准谋划、高起点定位，聘请国内顶尖专家团队，编制片区总体规划和产业发展单体规划，制定规划落实分工方案，明确镇党委、部门、党建联盟及各村职责任务，对每个项目进行严格审核，确保规划执行到位、落地见效。二是基础设施同建设。按照"镇财政率先投入一部分、积极对上争取一部分、吸引工商资本支持一部分"的办法，多渠道整合资金，高标准提升片区基础设施建设。近年来，镇党委克服财政困难，先后投入资金8 000余万元，对上争取项目资金1.1亿元，实施道路建设、环境整治等项目36个。三是产业发展同推进。为防止同质竞争、无序开发，党建联盟发起成立山东泰山九女峰乡村振兴产业发展有限公司，实行产业规划、开发、推介"三统一"，在严格执行产业发展总体规划的基础上，对片区内各类资源进行整体开发，打响"泰山茶溪谷""岱代相传"等特色品牌。统一设计旅游观光路线，将50余处旅游景点打包宣传，实现产品、市场、服务多层次产业链互补和企业间相融共促。

密切利益联结，焕发强村富民活力。发挥党建联盟的引领、监督和把关作用，指导企业、村集体、农民三方建立健全利益联结机制，确保企业有活力、集体有收益、群众得实惠。一方面，建立保底收益、按股分红机制。发挥企业多的优势，在片区内推广党支部领办合作社，组织集体和村民以土地、院落、山林等资源入股，企业以资金、技术和管理入股，在章程中明确集体和村民保底收益，定期按股分红。目前，片区已成立支部领办合作社6家。北张村党支部领办林夕圆合作社，与乐惠农业合作，利用村民闲置房屋，开发"庭院民宿"项目，收益由企业、集体、村民按 5：1：4 分成，实现利益共享、三方受益。另一方面，创新"二次发包"、多重受益机制。镇党委牵头推动企业流转土地，完善配套设施进行统一经营，企业再将土地回包给农户管理，管理越好、产出越多、收益越高，充分调动积极性。泰山茶溪谷农业发展公司流转土地 1 500 亩，建成 312 个茶叶大棚，改变按工计酬模式，将大棚返包给村民管理，实行茶叶采摘量与收入挂钩，生产效率极大提高，采茶量亩均增加 70~80 斤，村民年均增收超 3 万元，企业营收同比增长 8% 以上，真正实现了合作共赢。

（来源：泰安新闻中心，2020-8-23）

四、"统—分—统"（土地合作社）模式

"统—分—统"（土地合作社）模式。如龙口市兰高镇大张家村党支部 2020 年 3 月领办豆禾农业专业合作社，村集体以 28 亩土地及配套的基础设施入股，占股 11.3%；160 户社员以 180 亩土地入股，占股 88.7%。发展初期，由合作社统一规划，进行土地平整、道路建设、水肥一体化等基础设施建设和果树栽植等。合作社经营一年后，在确保苗木成活率的基础上，将地块划分区域，对外承包经营。土地经营过程中，由合作社统一提供农资、灌溉、施肥等配套服务，适当收取服务费。合作社收入扣除每亩每年 200 元保底收益等成本支出，并提取 10% 公积金后，按比例进行分红。

五、统筹兼顾（公益）型模式

党支部领办合作社以土地、资金、劳动力等入股形式，建立群众和集体经济利益共同体，以股连心、连责、连利，让群众从"多条心"变为"一条心"。采取财政扶持资金折价量化到户入股、提供就业岗位等方式，确保困难户 100% 入社，体

现公益性。

如牟平区埠西头村党支部领办合作社为每户困难户赠送 1 股（1 股 1 000 元），每年从公益金中按照每户 500 元的标准进行帮扶。同时，设立公益工作岗，按男工 120 元/天、女工 100 元/天的标准发放工资，困难户每年务工收入能达到人均 1 万元以上。

六、综合类（股份制）合作社

主要包括：三产融合类股份制合作社、联合社。党组织领办合作社中分为集体和群众的入股方式。集体的入股方式：土地入股、资产入股、资金入股、资产+资金入股、上级帮扶+村集体资金入股等；群众的入股方式：根据《农民专业合作社法》规定，合作社成员可以用货币出资，也可以用实物、知识产权、土地经营权、林权等，可以用货币估价并可以依法转让的非货币财产，群众多以土地、资金、劳动力、地上附着物等入股。

第十一章　党支部领办农民合作社的资金筹集

在村集体家底薄，政策扶持不能全部解决党支部领办合作社所需资金的情况下，那就需要基层党组织，采取有解思维，破解困境，积极寻求资金筹集的方式方法。

第一节　资金募集方式

一、村党支部领办农民合作社前期资金解决方式

一般采取村集体出资、吸收社员资金、上级扶持资金、引入第三方投资、村干部垫资、信贷融资、设立奖补"资金池"等单一或组合方式解决资金不足的问题。

1. 集体出资+社员出资

如莱州市朱桥镇史家村党支部 2018 年 4 月领办莱州市沙窝窝果蔬专业合作社，村集体出资 25 万元，占股 62.7%；133 户村民出资 14.9 万元，占股 37.3%。合作社发展无公害果蔬生产基地，统一技术标准、统一品牌包装、统一对接销售。

2. 土地作价+社员出资

如莱州市三山岛街道单山村党支部 2019 年 4 月领办莱州市旭光水产养殖合作社，村集体以 120 亩土地作价 120 万元、电力等基础设施作价 40 万元入股，占股 40%；150 户群众以 240 万元资金入股，占股 60%。合作社利用集体土地 120 亩建设对虾养殖大棚，进行对虾养殖和销售，引进蓝海海产品深加

工项目。2019 年，合作社盈利 43.73 万元。

3. 借助上级扶持资金

如莱阳市照旺庄镇党委领办梨乡梨源农民专业合作社联合社，由莱阳梨核心产区 11 个村庄联合组建，利用上级拨付给村集体的中央扶持资金 165 万元集中运营打造莱阳梨产业。联合社为莱阳梨产业化运营管理专门机构，11 个成员社与梨农签订协议，通过科学化的管理方式，建立起一整套莱阳梨种植、管理、采摘的标准化体系，实现联合社莱阳梨组织一体化、生产专业化、经营市场化。

4. 土地作价+上级扶持资金+社会资本

如福山区回里镇东回里村党支部 2019 年 8 月领办福山区浩东果蔬专业合作社，与顺泰植保科技有限公司共同建设 140 亩高效农业示范园，建设 4 个单株密集型樱桃大棚、18 个普通樱桃大棚和占地 30 亩的新型苗木培育基地。项目总投资 1 500 余万元，村党支部以 140 亩土地和 50 万元上级扶持资金入股，其余投资由企业负责。

5. 村干部垫资+上级扶持资金

如栖霞市蛇窝泊镇下范家沟村党支部 2017 年 4 月领办栖霞市鸿源果品专业合作社，以每年每亩 2 000 元的标准，从村民手中流转 100 亩土地，建设 80 亩有机苹果园、6 个温室大棚。前期投入资金主要由党支部书记个人垫资 200 万元、财政项目扶持 120 万元组成，财政项目扶持资金折合为村集体股份，集体占股 30%。

6. 信贷融资

如莱州市金仓街道仓南村党支部 2019 年 5 月领办幸福仓南水产养殖专业合作社，村集体占股 50.9%，村民占股 49.1%，实现全村 620 户全部入社。主要从事海参养殖和销售，注册"幸福仓南"商标。为推动合作社进一步发展壮大，2020年3月，村党支部向中国农业银行申请"强村贷"，成功申请贷款资金50万元，为合作社发展注入了强劲动力。

7. 设立奖补"资金池"

牟平区玉林店镇党委2019年启动党支部领办合作社奖补"资金池"，用于支持合作社发展壮大。"资金池"由镇级投入资金、村级反哺资金两部分组成。一是镇级投入资金，即镇党委每年向"资金池"注入资金，无偿为达到申报条件的村党支部领办合作社提供启动资金。二是村级反哺资金，即从"资金池"中支取了启动资金的合作社，在取得收益后，需将集体收益的20%反哺注入"资金池"。反哺资金以入股的方式向其他村党支部提供合作社启动资金，相关收益由注入反哺资金的村庄享有。

二、村党支部领办合作社村集体入股方式

村集体可以通过土地、集体资金、上级帮扶资金、村集体资产、管理服务等单一或组合方式入股合作社。

1. 土地入股

如海阳市郭城镇西古现村党支部领办海阳市西古现果业农民专业合作社，村集体以500亩土地入股，发展圣女果、草莓等产业。

2. 资产入股

如蓬莱市村里集镇郝家村党支部领办果品专业合作社，2017年以来，村集体内筹外引资金420万元，先后打1 600米深水温泉井一眼、新建房屋600多平方米、建设温泉洗浴中心，作为集体资产入股合作社，占股80%；吸引300名社员以土地或资金形式入股，占股20%。2018年1月，温泉项目正

式营业，年增加集体收入 8 万余元。村集体流转土地 400 亩，用于果树、中草药种植及建设采摘园，打造了一个以温泉洗浴为核心，集赏花、采摘于一体的旅游休闲观光模式。

3. 土地+资产入股

如海阳市郭城镇山东村党支部 2019 年 8 月领办海阳市嘉华果蔬种植专业合作社，将村集体的 210 亩古梨园、400 亩山岚耕地以及连片老旧房屋作价出资 325 万元，占股 65.99%；组织村民以旧房屋、土地、资金和劳动力等方式入股，占股 34.01%。

4. 资金入股

如龙口市北马镇前诸留村党支部 2016 年 8 月领办富民专业种植合作社，村集体投资 60 万元现金，开展土地平整和水利基础设施建设等，占股 69%；36 户村民流转 120 亩土地，占股 31%，保底分红；合作社与北马镇南村果园果业有限公司进行合作，约定每年拿出 10% 利润给合作社进行二次分红。

5. 上级帮扶资金+资金入股

如前法卷村党支部 2015 年 7 月 15 日领办栖霞市果品专业合作社，争取到农业项目扶持资金 36 万元、栖霞市财政局扶持资金 30 万元、栖霞经济开发区管委会补助资金 20 万元，村集体自筹资金 64 万元，共计 150 万元，完成了一期 110 亩示范园改造任务。村集体在合作社中占股 20%，盛果期后年可增加村集体收入 50 万元。

6. 上级扶持资金+土地入股

如照旺庄镇党委领办绿野仙果农业发展合作社联合社，由 11 个村党支部领办合作社和 1 个个人领办的农民专业合作社组成。利用中央财政扶持发展壮大村级集体经济资金 275 万元、社员筹集资金 15 万元，分两期对 80 余亩流转土地和 400

余亩村集体的荒山进行集中连片开发，发展特色种植、养殖和休闲采摘，其中11个村党支部领办的成员社各占股8.6%，农民专业合作社占股5.4%。

7. 管理服务入股

如徐福街道后田村党支部领办龙口市后田果品专业合作社，发展葡萄种植，共吸引160多户群众入社，流转土地600多亩。村民以土地入股，占股90%；村集体以管理服务入股，为社员提供种植技术、对接大型商超对外销售，占股10%。2019年村集体增收5万元。

三、村党支部领办合作社群众入股方式

根据《农民专业合作社法》规定，合作社成员可以用货币出资，也可以用实物、知识产权、土地经营权、林权等可以用货币估价并可以依法转让的非货币财产，以及章程规定的其他方式作价出资。从村党支部领办合作社的实际情况来看，群众多以土地、资金、劳动力、实物作价等入股。

1. 土地入股

如福山区东厅街道老官庄村党支部领办福山区老官庄小米农作物专业合作社，组织50户群众以150多亩土地入股合作社，占股70%。合作社借助老官庄小米在上海、杭州等大型农超市场的占有率和美誉度，发展谷子、地瓜等农作物规模种植，定向为沪、宁、杭地区配送，年收益40万元左右。

2. 资金入股

如芦头镇中心泊村党支部2018年9月领办龙口市中心泊大糖加工专业合作社，主要生产芝麻糖，合作社统一进料、统一生产、统一销售。村两委委员带头，带动16户群众每户投入8万元，共筹集资金128万元，占股85%；村集体以土地入

股，占股15%。

3. 劳动力入股

如亭口镇衣家村党支部2017年9月领办"一点园"果蔬专业合作社，创新实行"工票"制度。对参加合作社集体劳动的，按照男劳力120元/天、女劳力80元/天的标准发给工票，满2 000元可折合一股"创业股"，工票可用于在合作社购买灌溉用水、果树苗和水利管线。不到7个月的时间，仅靠留在村里的30多个劳动力，硬生生在荒山中开辟出一条长5.5千米、宽5.5米的山路，在山顶建起了2座大型蓄水池，村庄落后面貌彻底改变。

4. 实物作价入股

如栖霞经济开发区东北桥村党支部2017年3月领办栖霞市瑞中果蔬合作社，村集体收回52户果农租种的100亩集体土地，果农以地上附着物补偿费为"股本"，每亩土地每年折价500元，共折价15年为7 500元，按1 000元1股的比例入社，社员占股71.4%。合作社由村集体统一管理，产生利润的25%作为集体收入，剩余75%按股给社员分红。

第二节　确定经营项目

村党支部领办的农民合作社因各村地理位置、自然资源、产业基础各不相同，确定项目要坚持因村制宜，从实际出发，宜农则农、宜工则工、宜商则商、宜游则游，找到一条适合本村特点、发挥自身优势的发展路子。

遵循3个基本点。

一要因时因地因人的选择项目；不搞全篇一律，不搞照搬照抄。

二要通过监事会和社员代表大会同意的项目；严格办事程

序，不搞一刀切。

三要是经过努力确实能带领大伙增收致富的项目；不能好高骛远，不要急于求成。

例如，福山区张格庄镇文家村党支部领办三同果蔬专业合作社，在充分论证，多次召开董事会、监事会和社员代表会征求意见基础上，依托福山区"三同"党性教育基地，充分利用门楼水库库区片各村的红色教育、山水资源，以标准化民宿、农事体验等接待现场教育和旅游团队。目前共有 35 户入社，社员以住所、自有土地或劳动力入股，占股 67%，合作社按照每人每天 300 元的标准收取服务费用。2019 年共接待各类教学、农事体验 9 批次，带动群众户均增收 1.2 万元，村集体增收 8 万元。项目选得准、后劲足，合作社步入发展快车道。

第十二章　目前存在的问题

党支部领办合作社起步晚，受制约因素较多，找出其目前发展过程中存在的问题，寻求适合的治本之策。

第一节　存在的问题

一、合作社发展实力较弱

大部分党支部领办的村集体合作社刚刚起步，发展实力不强，部分合作社主要靠财政项目资金和其他涉农项目资金支持发展，自主发展的后劲不足、可持续发展能力不强。

二、领办人员有差异

一些村党支部书记文化水平较低，对领办的村集体合作社政策研究不透彻、吃不准，出现推动合作社发展思路不清、办法不多的现象；有的村集体合作社缺乏懂经营、会管理的能人贤人；有的村党支部书记和合作社管理人员年纪大，缺乏拼劲闯劲，发展合作社的动力不足。

三、农户参与积极性不高

农民种好自家一亩三分地已成为习惯，再加上思想上和信息上的闭塞，一些农户对党支部领办村集体合作社还存有质疑，认为入股入社将面临自然风险和市场风险双重压力，对入股经营缺乏信心，对发展产业情况不了解，造成许多农民持观望态度，参与积极性不高。

四、经营收益不高

村集体多是通过流转土地和提供基础服务取得收入，村民主要通过土地租金、入社打工获益，合作社经营分配模式比较简单，村集体和村民因合作社而产生的收益较少。

五、管理机制不合规范

没有按合作社风险共担、利益均享的机制运作，把村两委干部绑上战车，村两委成员无暇顾及公共管理事务，甚至出现不和谐现象。村社合一从财务管理上难以确定债务债权。

第二节 问题原因分析

一、定位不精准

从表面看，村党支部书记文化水平普遍偏低，初中及以下学历的占比较大；发展意识不强，不懂经营、不善管理，组织群众、发动群众能力不足。从内在看，对合作社自身定位不精准，缺乏明确的办社思路和科学的发展规划，生产成本居高不下，主导产业缺乏市场竞争力。

二、利益联结不紧

有的"村社一体"合作社被资本利用，"挂羊头卖狗肉"，成为跑马圈地、谋取利益的手段，村党组织沦为资本中介和代言人；有的合作社仅由少数人发起，少有群众参与，上级优惠政策被少数人独享，"富老板不富老乡"；有的合作社只为套取政策补贴，享受资金项目的扶持，不拿政府补贴根本不愿带动贫困户；有的合作社利益联结机制不合理，资本占大头，形成"大户垄断""大户控制"。

三、专业人才匮乏

部分合作社缺乏有执行力的领导者和具有市场意识、管理水平的带头人，经营管理素质普遍不高，缺乏会经营、懂技术、善管理的专业人才，特别是在组织协调、技术指导、经营管理、市场营销等方面人才匮乏，制约了合作社的进一步发展。

四、发展资金不足

合作社注册资金绝大部分社员是以土地经营权、林木等实物作价入股，以现金方式入股的不多，导致出现账面资产数额庞大、可营运资金很少的"先天不足"问题。有的地方财政扶贫资金资源投入使用较为分散，面向困难户一发了之，没有充分整合，造成资源浪费，好钢没有用到刀刃上。

第十三章　党支部领办农民合作社的意义

　　党支部引领农民合作社的模式，很好地解决了政府"统"不了、部门"包"不了、单家独户"干"不好的难题。是对农业经营体制的完善和创新，不仅体现在经济效益上，更重要地实现了政治效益、社会效益和经济效益的多赢。

第一节　现实意义

　　一方面，农村党员干部积极作为，争当致富带头人和合作社领头人，发挥一头连着市场技术，一头连着群众的优势，通过争取项目资金，帮助合作社解决困难和问题，带领群众发展特色产业，实现共同致富，达到发展一个产业带动一片致富的结果。

　　另一方面，通过这种模式把农民的利益联结起来，增强了基层党组织的主导权和话语权。把群众紧紧凝聚在党组织周围，解决了党组织服务群众无抓手的问题，夯实了党在农村的执政基础，向"建好一个组织、兴一个产业、活一方经济、富一批群众的目标"迈进。

支部领办引"活"2 000亩老茶园，村民收入逐步高

　　2022年12月2日上午，强冷空气笼罩下的东袁家山村的大街小巷，村民们凑堆议论着一件事：党支部领办的茶业专业合作社召开分红大会了。合作社社员袁春奖拿着刚分红到的

2 100元钱，现场劝大家加入合作社："加入合作社，技术有人教，卖鲜茶叶价格高，不到一年我这拿到这么多分红。"

莒南县洙边镇东袁家山位与鲁苏交界处，是山东省最早进行"南茶北引"的试种地之一。这个村的1 000多位村民，在山坡上栽下2 000多亩茶树，茶树成为村民来自土地上的最主要收入。

东袁家山的茶园面积虽大，但也存在着大问题，茶园属于每家每户，各家种各家的茶，各户卖各户的鲜茶叶，茶叶品质难以保障，一个村有这么多茶园，却没能打出自己的品牌。

省派第一书记张亮进驻东袁家山后，走进村民家里，走到村民的茶园里，和村民聊种茶的事。在充分了解这个村的发展优势和存在问题后，2022年4月，张亮帮助这个村成立了党支部领办的茶业专业合作社。党员带头入社，加入合作社的茶园当年便达到300多亩。

东袁家山村党支部书记袁春涛说，合作社制定了茶叶生产标准，引导入社茶农逐步实现有机种植，推动入社茶园品质提升，并以此带动全村茶园提档升级。合作社租赁一家茶叶加工企业的生产车间，以高于市场价格收购社员的鲜茶叶，自己炒茶自己卖茶。合作社为自己的茶叶注册了商标，逐步打开了市场销路。合作社还与另一家茶叶生产企业签订合作协议，共同在东袁家山及周边山村建设标准化茶园。对于想在山坡上栽新茶树的当地农民，合作社提供种苗，教授种植方法和管理技术，以便让更多的当地农民加入合作社，靠种茶有更高的收入。

进入冬季，东袁家山党支部领办的茶业专业合作社和社员们，忙完了一年的茶叶生产。一算账，除为村集体增加收入近8万元外，合作社还净收入8万元。净收入部分，2万元留作合作社发展基金，6万元向社员分红。"有了这次分红大会，会有更多村民加入合作社，东袁家山村 2 000 多亩老茶园活起来了。"张亮说。

东袁家山村党支部领办合作社的这次分红，洙边镇党委组织各村的党支部书记都到现场观摩，以提升各村党支部领办合作社的信心。"近年来，洙边镇党委很重视党支部领办合作社在乡村振兴中的作用，各村党支部领办的合作社发展势头很好。"洙边镇党委组织委员冷夏梅说，"党支部领办合作，发挥党建带动和示范引领作用，以农户为基础，以产业为依托，以合作社为载体，盘活各类资源，发展特色产业，实现了全镇各个村支部有作为、党员起作用、群众得实惠、集体增收入的目标。"

（来源：大众报业·农村大众客户端，2022-12-5）

第二节 不可替代性

一、推动农村党建与经济工作紧密结合

村党支部领办农民合作社，能够深入推动农村党建与经济工作紧密结合，不断夯实党在农村的执政基础。乡村振兴，产业兴旺是重点。村党支部和党员干部理应在农村经济建设主战场，在发展乡村产业中发挥先锋模范和引领作用。《中国共产党农村基层组织工作条例》和《中国共产党农村工作条例》都明确规定，村党组织书记应当通过法定程序担任村民委员会主任和村级集体经济组织、合作经济组织负责人。这是新时代深入推动农村党建与经济工作紧密结合，夯实党在农村执政基础的重大决策。但总体上，合作社发展不平衡、不充分的问题还很突出，全国大约有一半的农户还没有入社，即使是入社的农户，很多尚未获得合作社较好的服务和帮助。党的十八大以来，中央出台了一系列支持政策和法律法规。村党支部和党员

干部作为党在农村基层的战斗堡垒和先锋模范，没有理由置身事外，在红红火火的合作社事业中当背景板、局外人、旁观者，而是应当积极主动领办合作社，当好领导者、实践者、参与者，在经济建设主战场显身手、做表率，在乡村振兴中挑大梁、冲在前。

二、带领农民走好共同富裕之路

只有村党支部领办合作社，才能有效盘活村集体资源、资产和资金，带领农民走好共同富裕之路。乡村振兴，生活富裕是根本。走中国特色社会主义乡村振兴道路，要走共同富裕之路。带领广大村民走好共同富裕之路，是村党支部和村支书义不容辞的责任与使命。截至 2019 年底，全国共核实农村集体资产约 6.5 万亿元、集体土地 65.5 亿亩。如何进一步唤醒盘活这笔庞大的、沉睡已久的集体资产，使农民获得更多的财产性收入，走上共同富裕道路，仍是亟待破解的课题。近年来，一些发达地区开展经营性资产股份合作制改革，探索集体资产保值增值和发展壮大集体经济、实现村民共同富裕的新路径，取得了显著成效。但是，在广大中西部地区、偏远地区农村，除了资源性资产外，几乎没有可以盘活利用的经营性资产，发展集体经济的办法少、路子窄，村集体收入低。全国尚有 23.1% 的村虽有经营收益但年经营收益不到 5 万元，连维持基本的运转都不够，甚至还有 22.5% 的村无任何经营收益。村党支部发展集体经济没路子，村干部"说话没人听、办事没人跟"，迫切需要找到服务群众的有效抓手。与传统的农村集体经济组织相比，合作社对市场反应相对更敏锐、决策效率相对更高、经营方式相对更灵活，但在土地、资金等要素方面却比较紧缺。村党支部领办合作社，可以发挥其农村基层组织的核心地位作用，把村集体的土地资源、闲置资产、上级扶持资金等要素相对集中盘活，有效导入合作社，使村集体经济的资源资产资金优势与合作社的经济组织优势有机结合，形成优势互补，通过合作社发展壮大乡村产业的同时，村集体和村民也可以通过集体要素入股分红来壮大集体经济，增加村民收入，实现共同富裕。

三、引领合作社高质量发展，补短板、强弱项

村党支部领办农民合作社，通过引领合作社高质量发展，补短板、强弱项，更好发挥合作社功能作用。合作社能否实现高质量发展，关键取决于合作社的带头人。办好一家合作社不容易，当好一名合格的合作社带头人更难。他既要是个有本事的"能人"，具备市场意识和企业家的眼光头脑，还要是个有情怀的"善人"，对农民怀有深厚的感情，愿意为乡里乡亲服务奉献。经过多年努力，截至2020年6月底，全国已创建培育了16万多家县级以上示范社，涌现了一大批优秀的合作社理事长，他们有的当选为各级党代表、人大代表、政协委员，有的获评各级劳模、三八红旗手、全国十佳农民，获得五四青年奖章、脱贫攻坚奖等各类荣誉。但是，也要清醒地看到，高质量发展的各级示范社仅占全国222万多家合作社的7.2%，大量合作社还停留在简单的信息、技术和营销服务等方面，功能作用远未充分发挥出来。与一般能人大户领办合作社不同，村党支部领办的合作社，其带头人作为基层党员干部，不仅要具备合作社合格带头人的基本要求，而且要受到党的政治纪律的约束和监督，要求其必须带头执行落实好党的方针政策和相关法律规定。这种政治纪律监督制约机制，能够有效保障村党支部领办的合作社切实做到规范运行。全国50多万个村，如果每个村都有一家党支部领办的高质量合作社，补短板、强弱项，实现村集体经济不断发展壮大，无疑将会对全国合作社实现高质量发展产生积极的示范引领效应。

第十四章　实现党支部领办农民合作社高质量发展的路径

从全球合作社100多年的发展实践和规律看，由于农民合作社内生的有助于降低市场交易费用、减少农业生产经营成本、增加从业者的收入以及共享生产经营成果收益的运行机制和分配机制，农民合作社迄今仍然是遍布全球覆盖面最广、生命力最强的农民生产经营组织。而我国农民合作社进入21世纪以来，健康发展的事实也不断证明，真正意义上的农民合作社发展是有其规律可循的，农民合作社由数量型向质量型转变，由带动型向服务型转变。某些程度上讲，党支部领办合作社也是随着时代的发展、形势的需要应运而生。特别是随着党政领导对支部领办合作社极端重要性的认识越来越深化，大力支持支部领办合作社，充分发挥其在壮大集体经济、组织农民、帮助农民、提高农民、富裕农民方面的作用，是新时代走中国特色社会主义的鲜明导向。

当然，农民合作社有本质规定，党支部领办农民合作社有政策要求，加之我国农业产业类型多元，生产经营范围广泛，新产业、新业态层出不穷，决定了农民合作社多元化、混合型状态将长期存在，不可能一个模式打天下，要因地制宜，坚持多元化的原则，不搞一刀切，一个模式，不要求整齐划一。牢牢把握"风险共担、利益均享"原则，要创新党支部领办合作社的形式和运行机制，只要支部领办合作社方向正确，农民群众有意愿，有收益，都应得到支持和鼓励，努力走出一条中国式的高质量发展党建引领合作社之路。

第一节 具体措施

一、建立党支部在村集体合作社中的领导机制

支持村党支部书记为代表领办村集体合作社，并通过法定程序担任合作社理事长。推进村两委成员担任村集体合作社的理事会、监事会成员，实行"两块牌子，一套人马"管理模式。按照合作社章程，村两委成员与合作社管理人员双向进入、交叉任职，积极发动、组织本村村民入股集体合作社成为社员，调动村民入社的积极性，强化党支部在发展集体经济中的核心和引导作用，把握合作社发展方向，引导农业现代化发展。

岱岳区夏张镇："五一"假期忙丰收　村民致富奔小康

近年来，岱岳区夏张镇按照"支部建强、合作带富、群众增收、乡村振兴"的目标，探索支部引领产业发展、合作带动村民增收的路径，真正让村集体经济强起来、群众生活富起来。

"五一"假期阳光明媚，果蔬飘香。在岱岳区夏张镇东城村的蔬菜种植基地里，香葱、萝卜叶等各类蔬菜喜获丰收，基地里一片绿意盎然。村民李延友正和大家忙着收割、筛选、装筐，现场一番热火朝天忙碌的景象。

李延友说："我60多岁了，在合作社里干活一天赚80多块钱，加上流转给合作社的地，一年3万多块钱。"

东城村土质肥沃，水资源丰富，有着悠久的蔬菜种植传统，但传统的农户零散种植经济效益低，村集体也没有收入。

2018 年，村党支部书记、村委会主任李呈坤带领村两委班子流转全村 300 余亩土地，领办御道东升蔬菜种植合作社，并与泰安佳裕食品有限公司签订销售合同，大力发展订单式蔬菜种植，带领村民一起致富。

岱岳区夏张镇东城村党支部书记、村委会主任李呈坤说："本季咱们合作社种植萝卜叶是 40 亩，预计亩产 6 000 斤，每亩收益 2 500 元；香葱种植 60 亩地，亩产能达到 10 000 斤，每亩收益可达 3 000 元。接下来，宝塔菜花、西蓝花，还有羽衣甘蓝、土豆等也是大丰收，入社的村民每户均增 1.5 万元，村集体也能增收 20 万元左右。"

（来源：节选澎湃新闻·澎湃号·政务，2022-5-1）

二、建立村集体、合作社、农民三方利益联结机制

2019 年 9 月，习近平总书记在十九届中央政治局第八次集体学习时指出，"产业兴旺，是解决乡村一切问题的前提"。党支部领办村集体合作社，没有产业必定"立不起来"。充分用好党支部领办合作社的政治优势，推动农村产业革命取得更大突破。围绕发展农业产业，引导村集体将集体土地、集体资产、集体资金、上级扶持资金等通过单一或组合方式入股到党支部领办的合作社中；村集体可以通过现有土地升级改造、增加投资、股份转让等方式，也可以通过开垦荒地、土地整治、清淤填地等方式增加土地面积作为集体资产入股，逐步提高村集体持股占比。村民可以货币出资，也可以用土地经营权、林权、知识产权、实物、地上附着物等非货币财产作价出资入股到合作社，参与经营。一般本村村民入社率不低于 10%，持股占比不低于 40%，农民成员占比不低于 80%，按股按比例分红。合作社通过发展适度规模经营、提供集约化服务等方式提高经济收益，留足合作社的发展资金和风险资金，明确参与

合作社管理人员的奖励资金，提高村集体及农户收入，确保了合作社可持续发展。

岱岳区马庄镇

党支部领办合作社土地"生金"

日前，岱岳区马庄镇薛家庄村合作社大棚里的吊秧小西瓜进入成熟季。走进瓜棚，浓郁的瓜香扑鼻而来，一个个西瓜像小灯笼一样躲藏在藤蔓中若隐若现，圆鼓鼓的绿皮身子显得很有肚量，仿佛在炫耀着它们的健硕，生机勃勃，载满希望。

"我们村党支部领办合作社，看着这番丰收，心里真是美滋滋的。"薛家庄村党支部书记、村委会主任薛承文边跟记者聊着边小心翼翼地摘取藤蔓上的西瓜。

薛承文口中的合作社是 2021 年该村党支部领办的，注册成立的泰安市万达农作物种植专业合作社。合作社成立后，薛家庄村立足实际，依托"党支部+合作社"的发展模式，采取股份分红的模式，吸引了 30 余户村民投资 30 万元入股，上接市场、下联农户。通过轮作种植，发展壮大村级集体经济，带动村民增收致富，激活乡村振兴的"一池春水"。

70 岁的孙芙英是村里的老党员，当听说村里要创办合作社时，她毫不犹豫入了股，在她看来，只有村里发展好了，老百姓的日子才会越过越好。"这届村两委班子成员扑下身子，真心实意给老百姓干事，这两年弄大棚，一个个皮肤晒得黑黑的。"孙芙英指向还在忙碌的薛承文。她告诉记者，之前大家都是去邻村打些零工，现在成了工人，每天在大棚上下班，一个月能收入 2 000 元左右，很是知足。

"我们这个棚一共栽了 5 300 多个，去掉成本，能卖五六万块钱。"薛承文说，在薛家庄村新建的 10 座冷棚和 1 座温室大棚里，6 万余斤西瓜上市后，总收入能达到 10 余万元。

薛家庄村常年靠流转土地增加村集体收入，但是缺少产业带动。这次，通过党支部领办合作社，11 座大棚投入使用，让薛家庄村集体看到了新希望。

"以前咱这个村集体没有收入，村两委的工资比较低，村民收入也不高，大家跟着我干，总感觉不是那么称心。"薛承文反复思考，怎样才能让村集体和村民的口袋鼓起来呢？一次偶然的机会，薛成文带领村两委去济南考察，发现轮作农业种植适合村里发展。

村两委和党员群众协商，达成共识成立合作社，又对上争取创业基金 50 万元，村民自己入股近 30 万元，这样就把合作社运转起来了。薛承文告诉记者，"一开始我们心里也没底，怕赔钱，但是通过镇上来村里开了为民协商会之后，有村里党支部给我兜底，解除了我们的后顾之忧。"

村民富不富，关键看支部。薛家庄村两委带领村民领办合作社，发展壮大集体经济，通过把党组织的政治优势、组织优势同合作社的经济优势叠加起来，将"单打独斗"的农民组织起来，抱团共谋发展。其中，土地流转的 90 多亩地，一年四季能种五六种蔬菜水果。今年春天，大棚种植的菠菜新鲜上市，10 余万元的收入让薛家庄村挖到了"第一桶金"。据粗略估算，今年年底村集体收入将达到 30 万元左右。

一招制胜，满盘全活。"我们准备再对上争取点资金，依托现有的成熟经验，再继续扩展种植黑甜糯玉米。我们将和北京的公司合资建立冷库，进行深加工，达到一年四季供应超市。"薛承文对村里的下一步发展已经规划好。

（来源：泰安日报社，2022-9-30）

三、建立党支部领办村集体合作社规范运行机制

指导党支部领办农民合作社完善管理模式，创新经营模式。要健全动态监管机制和风险防控机制，制定配套的合作社章程、成员大会制度、理事会制度、监事会制度、财务管理制度、收益分配制度等规章制度。

四、建立党支部领办合作社分配机制

建立利益分配机制，在合作社纯收益中提取 20% 的资金作为合作社发展资金、风险防控资金，用于扩大再生产、弥补亏损；在纯收益中提取 10% 的资金作为合作社管理人员的奖励资金，激发管理人员干事创业的热情，由合作社制定奖励考核具体办法并报上级党委审定；在纯收益中提取 70% 的资金按集体股、个人股等占股比例向成员进行分配，实现村集体增收与群众致富相统一。

五、建立党支部领办合作社风险防控机制

乡镇要按照统一的管理方式，指导各村（社、居）党支部领办合作社规范化运营，设置风险防控资金，增强合作社抗风险能力。加强对村集体"三资"监督与监管，把党支部领办村集体合作社业务事项纳入理事长任期和离任审计，防止侵占、挪用、截留集体资源资产等违法违纪行为。

六、遵守统分结合责任量化奖惩原则

根据生产经营实际情况，能托管的托管，能承包的承包，能量化分成的分成，真正落实责任风险共担，多劳多得。入社社员多，且成方连片规模化发展的合作社，最好发展规模化粮食生产，既好操作又确保只赚不赔。目标是带领群众共同

致富。

第二节　选好突破口

一、强化基层党组织建设是基础

农村基层党组织是党在农村全部工作和战斗力的基础，是发展农民合作社的领头雁，拥有一个有能力的支部书记，才能带领村集体合作社找准发展方向和出路，才能结合自身资源禀赋，壮大村集体经济，才能不断增强群众信心，激励鼓励群众，使广大农民群众围绕在党组织周围，结成利益共同体，在带领群众致富的过程中，让党支部领办的合作社走得更远。实施"铸魂工程"锻造过硬的支部书记队伍。坚持正确选人用人导向，突出"二十字"好干部标准，全面选优配强村、支两委干部特别是村级党组织书记；坚决把受过刑事处罚、存在"村霸"和"涉黑涉恶"等问题的人员"挡在门外"；深入推进村两委交叉任职和村党组织书记、村委会主任"一肩挑"。建立村党组织书记后备人才库，构建"优秀人才—村后备干部—村干部—村党组织书记"的培养链条。

从"种产品"到"树品牌"，邹城小蘑菇双轮驱动创新

走进位于大束镇食用菌产业园的友泓生物公司，一座标有"蘑菇超级工厂"字样的现代化工厂赫然眼前，标准化的无尘车间、机械化的自动化生产线、规范稳定的生产和产品质量，让人在感叹之余，亦能感受到环境所带来的舒适感。

为使产业红利惠及更多当地群众，邹城市食用菌产业在发展壮大的同时着力将群众引向实现共同富裕的快速路上，带动农村基层党组织发挥引领作用，以"党支部领办合作社＋企

业+农户"的模式，在大束镇南葛村、钓鱼台村、孔傅村等建大棚、上菌棒，引导群众当菇农，实现了村企融合、强村富民、多方受益。

"我们村周边有很多蘑菇生产企业，为了帮助村民增收致富，在政府的引导下，我们建立起香菇种植示范基地。"大束镇南葛村党支部书记张向德告诉齐鲁晚报·齐鲁壹点记者，借助园区发展红利，由南葛村党支部领办成立食用菌种植专业合作社，同时对接龙头企业寻求支持，用专项资金投资建设香菇大棚，合作社组织社员种植并负责整个香菇基地的日常管理运营，龙头企业提供优质菌棒、社员技术指导与培训，并收购合作社香菇，建立起了风险共担、利益共享的发展共同体。

张向德介绍，香菇种植示范基地占地66亩。"每个大棚可投放约1万个菌棒，双层棚每年可出菇两季，空调棚能实现全年不间断种植。"张向德边说边算了笔账，一般一家农户承包1个大棚，一个大棚一季的纯收入能达到2万~3万元，两季下来就有五六万元的收入。

（来源：节选齐鲁晚报，2022-4-2）

二、强化群众参与是核心

农民合作社的主体是群众，要发挥村集体合作社的组织优势去积极发动、组织群众，去帮助群众细算对比账、长远账。要充分尊重群众的意愿，多做群众的思想工作，多带群众出去学习考察，给群众以看得见的利益，让群众心甘情愿、自觉融入到村集体合作社中来，参与合作社的经营管理，真正成为合作社的主人，不能搞拉郎配，形成"我参与、我管理、我受益"的良好氛围，推动村集体合作社健康运转。

三、强化规范建社是前提

"无规矩，不成方圆。"规范化建社是村集体合作社长远发展的重要前提。必须严格按照《中国共产党农村工作条例》《农民专业合作社法》《农民专业合作社登记管理条例》及当地出台的相关管理规程等法律法规和规范性文件进行设立，并要通过召开村民大会完善合作社章程及各类制度，健全村集体合作社的组织架构，明晰股权，明确利益分配，防止村集体合作社沦为"空壳社"，徒有虚名。

四、强化利益联结是关键

党支部领办的村集体合作社姓公而不姓私，它代表的是全体村民的利益，通过把群众组织起来共同发展，达到共同富裕的目的。因此，必须建立和完善"村集体+合作社+农户"的利益联结模式，把"风险共担、利益均享"运行机制贯彻始终，把党组织的政治优势、组织优势，合作社的经济优势、产业优势，群众的服务优势、劳动力优势叠加起来，形成聚合裂变效应，产生"1+1+1>3"的效果，在合作发展过程中形成"支部有益头、合作社有盼头、群众尝甜头"的利益联结机制，唯有"利"才能调动积极性。

岱岳：做强专业合作社 发展壮大集体经济

泰安市岱岳区岱下红大樱桃专业合作社

2007 年，泰安市岱岳区夏张镇朱家庄村成立岱夏红大樱桃合作社，通过党支部领办，吸收全村 286 户果农入社，将 5 000 多亩土地连片，改变了传统的一家一户生产经营的模式，建成了标准化、集约化、现代化的有机绿色大樱桃园，不但为本村发展注入了新活力，还辐射带动周边多个村发展特色产业，走出了一条党建引领、集约经营、抱团发展的强村之路，实现了集体增收、村民致富、周边受益、多方共赢。岱夏红大樱桃合作社也荣获泰安市农民专业合作社省级示范社等称号。

一、基本情况

朱家庄村位于泰安市岱岳区夏张镇西北部，全村共 302 户、1 065 人，党员 33 名，村两委干部 5 人。过去，朱家庄村地理位置偏僻，村内荒山荒坡比较多，交通和土地都没有优势，集体经济收入较低。2007 年新班子上任后，为改变落后状态，积极考察学习，结合本地实际引种了大樱桃，经过几年发展，全村种植面积达到了 2 200 亩。之后，为解决管理难、销售难等难题，党支部发挥核心引领作用，领办岱夏红大樱桃专业合作社，吸收全村 286 户果农入社，将 5 000 多亩土地连片经营，走上了"党支部+合作社+农户"的规模化合作经营发展路子，实现了集体群众双增收。

二、主要做法

（一）破解发展瓶颈，探索合作经营。一是支部领办建起合作社。村党支部倡导成立了"岱夏红"大樱桃专业合作社，最初吸收 99 户种植户入社，按照"支部+合作社"的模式进行统一管理、统一销售，实现明码标价、统一包装、集中运输，规范了市场运作，提高了村民收入。二是创新管理服务促增收。为提升大樱桃种植管理水平，村两委干部主动当好"服务员"，定期给种植户提供育苗管理和信息服务，统一配送化肥、农药等农资，每年实现增收 5 万元。为便于集中管理、规范经营，2007 年，合作社建成了 3 500 平方米的大棚销售市场，通过为客户提供食宿和收购场地，吸引客户到村采购，保障了大樱桃种植的有序发展，村集体每斤樱桃提取交易费 0.1 元，每年实现集体收入 11 万元。三是村社合作开启新篇章。合作社实行村两委干部与合作社管理层交叉任职，村党支部书记兼任合作社党支部书记、理事长，村委会主任任监事长，其他村两委成员及 2 名党员、1 名社员代表任理事、监事，合作社发展与村级事务共同研究、一体推进。村党支部成为产业发展、强村富民的引领者，合作社成为党支部与村民之间的利益联结纽带，朱家庄村成为远近闻名的大樱桃生产专业村，年产大樱桃 40 万斤，户均增收 2 万元。

（二）规范管理运营，激发发展活力。随着合作社的不断发展壮大，村党支部认识到，要保持合作社的健康发展，必须走规范化、制度化的管理运营路子，做响品牌、做大产业。一是实行制度化管理。严格遵守《农民专业合作社法》，严格执行合作社章程，明确社员的权利和义务，制定完善的资金投入、管理运营、收益分配等工作机制，明确合作社的议事决策、权责划分、监督管理、资金使用、利益联结等内容，确保有章可循、有规可依。每季度召开一次社员大会，商议合作社事务，公开合作社党务、社务和财务。二是坚持品牌化发展。为拓展大樱桃产业化发展空间，发挥农业品牌效应，2009 年，合作社为大樱桃注册了"金坠子"商标，建立了"岱夏红"网站，让村民销售的樱桃有了统一品牌，实现了每斤价格比其他地方的樱桃高出 3~5 元。同时，改建钢结构大棚，客源扩大到东北三省、上海、福建、江苏等多地，大大提高了大樱桃的市场知名度和产品附加值。三是探索公司化运营。为进一步拓展农业发展空间，增加收入来源，党支部不断研究论证，决定在村民资金入股的基础上搞土地流转，成立岱夏红股份有限公司，鼓励村民以土地入股，建立起土地变股权、农民当股东、"收益+分红"的新型合作社经营模式。目前，岱夏红股份有限公司按照每亩 1 200 元的价格流转土地 896 亩，建设完成冬暖式钢结构大棚 92 个，主要发展草莓、蓝莓、葡萄采摘和大棚樱桃、油桃，每户村民每年能通过股份收益 2.6 万元，村集体每年能实现收益 100 万元。

（三）强化红旗帮带，区域联动共赢。随着合作社不断发展壮大，周边村纷纷前来"取经"，村党支部转变发展思路，

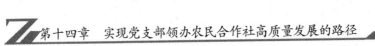

通过示范引领、技术指导、产业带动等措施，帮带附近十几个村共同发展致富，扩大了发展规模，实现了"联村发展、共同致富"。一是党建联盟示范引领。在夏张镇党委的指导下，成立了"最美岱夏红"党建联盟，以朱家庄村党支部为中心，联合周边 12 个村党组织成立区域化党建联盟，打造 500 平方米的党建联盟活动阵地，每月召开一次联盟会议，共同研究发展中遇到的问题，通过组织联建、人才联育、产业联姻，共同做大合作社，做强大樱桃产业，实现区域联动发展、资源共享、共同致富。二是合作社指导帮扶。从社员中选拔 32 人组成技术服务队，实行统一安排栽植计划，统一购置专用肥，统一购买优质苗木，统一浇水、追肥，统一进行病虫害防治，统一采摘销售"六统一"，为社员及周边果农提供更规范、专业的指导；合作社定期义务组织社员及周边村果农召开座谈会，聘请专家、技术人员进行技术讲解，主动为农户提供专业技术支持，提升果农种植技术和管理水平，先后吸引本村及周边村 508 户农户入社，大樱桃种植面积扩大到 5 000 多亩。三是区域统筹联动振兴。先后硬化朱家庄及周边村 5 条道路，打通了产业发展动脉，抓住全市实施"百企联百村"行动的有利时机，建起电商服务站，方便农产品销售；与韩家岗等 4 个贫困村结成帮扶对子，指导大棚种植及合作社运营管理，帮助 4 个村平均增收 3.65 万元。整合 16 个村扶贫项目，建设蓝莓、草莓大棚 22 个，合作社全程参与指导管理，为有劳动能力的困难群众提供就业岗位 150 个，帮助 622 名贫困群众实现年增收 18 万元。

三、取得成效

"党支部+合作社"的联动发展让朱家庄村合作社越做越大，村集体实力越来越强，现在的朱家庄村内道路四通八达，村民居住环境整洁有序，村风民风也更加和谐健康，达到了集体增收，村民致富的目的，真正实现了从落后村到富裕强村的蜕变！

1. 要发挥好战斗堡垒作用。党支部是农村集体创业干事的先遣兵和领头羊，干事创业村民看党员，党员跟干部，坚强有力的党支部班子是发展村集体经济的基础，朱家庄之所以能成功，离不开村班子的先行先试，离不开村庄带头人的"领头雁"作用。

2. 要因地制宜找准突破口。村集体地理位置、自然条件等先天因素大不相同，只有找准适合本村的发展路子才能产出自己的拳头产品，为村民培植致富好项目。朱家庄合作社立足村庄实际需求，依托大樱桃发展的产业基础，解决了村民卖果难、维权难等发展中出现的问题，为产业发展注入了动力。

3. 要提高农民参与积极性。农民是发展村级经济的重要基础，只有牢牢依靠群众的力量，发动其参与的积极性，才能迎难而上克服发展过程中的重重困难。朱家庄村合作社，坚持以农民为主体，以为农民服务为宗旨，不论是最初建合作社还是后来土地流转，根本都是为了增加农民收入，牢牢树立了农民的主体地位，得到了广大农民群众的拥护和支持。

（来源：泰安市农业农村局，2021-8-18）

五、强化扶持是发展动力

党支部领办村集体合作社离不开政策扶持，应明确各级财政补助、部门帮扶、社会捐赠等资金优先由村集体合作社承接，各类涉农项目优先由村集体合作社承建，并简化项目招标程序，在各类金融信贷、税收优惠等方面给予倾斜等扶持政策；同时主管部门要对党支部领办村集体合作社提供业务指导与咨询，为党支部领办村集体合作社注入强有力的发展动力。做到扶持一个，成功一个，形成轰动效应。通过政策项目在合

作社的实施，村集体增加了收入，群众也可以稳定得到土地流转的保底收入、分红收入和在合作社务工收入，推动由"垒大户"向"惠大众"转变，各级投入项目资金的初衷得到落实，政策红利得到真正释放。

第十五章 党支部领办农民合作社的扶持政策

第一节 为党支部领办合作社注入动力

习近平总书记高度关注农民合作社发展，在不同历史时期对农民合作社的功能定位都有明确的指示要求。2016年，习近平总书记在黑龙江省抚远市玖成水稻种植专业合作社考察时强调，"农业合作社是发展方向，有助于农业现代化路子走得稳、步子迈得开"。鼓励各地探索不同的农民合作社模式，把农民合作社办得更加红火。对农民合作社的发展，各级政府在充分吸取过去发展的经验和教训的基础上，更加注重从法律、法规、政策多层面加以鼓励支持、规范引导。

对各类新型农业经营主体的发育成长，农民合作社是最早得到法律支持的经营主体。《农民专业合作社法》几经修订出台，对农民合作社的健康发展产生了巨大的推动作用。2019年，中央农村工作领导小组办公室、农业农村部等11个部门和单位联合印发的《关于开展农民合作社规范提升行动的若干意见》，明确提出把农民合作社规范运行作为指导服务的核心任务，把农民合作社带动服务农户能力作为政策支持的主要依据，把农民合作社发展质量作为绩效评价的首要标准。

党的十八大以来，各级高度重视党支部领办合作社，把它作为发展壮大村集体经济的重要措施，强力推进。对党支部领办合作社政策支持力度越来越大。出台了一系列通过财政补贴、购买服务、信贷支持、保险保障等多方面的政策措施，以"小灶政策"体现政府行为导向，强有力地支撑了合作社的健康发展。

党的二十大报告，把党支部领办合作社的重要性提高到了一个新的高度，必将进一步加大政策扶持力度，实现党支部领办合作社由注重数量增长向注重质量提升的历史性转变，为党支部领办合作社注入强劲动力。

第二节　目前面向党支部领办合作社的扶持政策

一、财政支持

统筹整合各级涉农资金，支持村党组织领办的合作社优先承接财政投资类项目。地方政府可设立专项发展基金，对出资到位、组织架构规范的新注册村党组织领办合作社给予启动资金扶持。中央财政扶持发展壮大村级集体经济资金，优先支持村党组织领办合作社发展。

二、土地政策

乡镇国土空间规划和村庄规划中预留的建设用地、机动指标可用于乡村文旅项目和农村公共公益设施建设。整合的农村闲散建设用地资源，优先支持村党组织领办合作社发展。纳入城乡建设用地增减挂钩的村庄，节余挂钩指标在满足村集体发展建设用地基础上，经批准有偿调剂使用获得的收益，优先支持村党组织领办合作社发展集体经济项目。

三、金融扶持

全国大多数省、自治区、直辖市相关部门都制定了金融扶持党支部领办合作社的相关政策。山东省就按照省委组织部、省财政厅、省农业农村厅印发的《关于发挥"强村贷"作用助推村党组织领办合作社发展的通知》要求，对提出"强村贷"申请的村党组织领办合作社，优先给予贷款贴息扶持。

四、商务服务政策

充分发挥县级电商服务中心和镇级电商服务站点的辐射支撑作用，引导电商龙头企业首先在党支部领办合作社的村建设服务站点，提供策划、咨询、代理、培训、物流、金融等全方位服务，帮助开展农产品网上销售、大宗交易、订单农业、农业众筹等业务。

五、税收优惠政策

党支部领办合作社直接用于农、林、牧、渔业的生产用地，免征城镇土地使用税；从事农、林、牧、渔业项目的所得，符合条件的可以减征或免征所得税；直接从事种植业、养殖业、林业、牧业、水产业销售自产农产品，免征增值税；向本社成员销售的农膜、种子、种苗、农药、农机，免征增值税；与本社成员签订的农业产品和农业生产资料购销合同，免征印花税；符合规定的农副产品收购合同免印花税。

六、农机购置补贴政策

对保证主要农作物生产所需机具和深松整地、粮食烘干、免耕播种、高效植保、节水灌溉、高效施肥、水肥一体化、青饲料收获、秸秆还田离田、残膜回收、畜禽粪污资源化利用、病死畜禽无害化处理等支持农业绿色发展的机具实行优先补贴、应补尽补。

七、农业扶持政策

支持党支部领办创办合作社参与评选各级农民专业合作社示范社，申报成功的每个国家级、省级、市级示范社，不定期每年通过项目实施奖补。开展标准化技术指导和专项培训，为获得"三品一标"认证的实行奖补。引导参与"一村一品"经营，发展适销对路农产品，提高农业产业化经营水平，被评为国家级、省级"一村一品"示范村的，分别不定期通过项目进行奖补。

八、智力支撑政策

举办各级示范村党支部书记专题培训班，开展合作社培训讲座，分期分批组织合作社负责人外出参观学习，讲解有关政策、进行辅导交流。党组织领办合作社可以让村党组织从"就党建抓党建"的自我循环，转变为"围绕发展抓党建，抓好党建促发展"的良性循环，使村两委的服务职能延伸到合作社产品生产、市场营销、政策扶持等领域，各村党组织围绕生产经营，把党组织的战斗堡垒作用和党员的先锋模范作用渗透到合作社的发展中去，实现农村基层党组织建设与经济工作的有效对接，全面营造共建共创的良好氛围，产生"1+1>2"的聚合效应。

主要参考文献

范以香，徐钦军，徐爱华，2017. 家庭农场合作社运营与管理［M］北京：中国农业科学技术出版社.

郭勇，2023-1-19. 党支部领办村集体合作社的探索与思考［J/OL］. 乌蒙论坛. http：//www. bjskw. com/maga-zine/Rart=6793530148101369933415152822 7278.

李庆元，赵慧霞，钟柏生，2014. 农民专业合作社［M］. 北京：中国农业科学技术出版社.

澎湃政务：通辽党建，2021. 党支部领办合作社操作实务30问［EB/OL］. https：//m. thepaper. cn/hecosDetail_forward_11453414.

张红宇，2020. 我国农民合作社的发展趋势［J］. 农村工作通讯（21）：39-42.

赵铁桥，2022. 村党支部领办合作社现实意义与需要把握好的几个关系——基于山东实地调研的观察与思考［J］. 中国农民合作社（7）：7-9.